站在巨人的肩上

Standing on the Shoulders of Giants

图灵教育

站在巨人的肩上
Standing on the Shoulders of Giants

有趣的Flutter

从0到1构建跨平台App

任宇杰 王志宇 魏国梁 臧成威 ◎著

人民邮电出版社

北　京

图书在版编目（CIP）数据

　　有趣的Flutter：从0到1构建跨平台App / 任宇杰等
著. -- 北京：人民邮电出版社，2022.1
　　（图灵原创）
　　ISBN 978-7-115-57650-7

　　Ⅰ. ①有… Ⅱ. ①任… Ⅲ. ①移动终端－应用程序－
程序设计 Ⅳ. ①TN929.53

　　中国版本图书馆CIP数据核字(2021)第206083号

内 容 提 要

　　本书通过一个实际的 Flutter App，为大家介绍 Flutter 相关的知识。书中首先介绍了 Flutter 的环境配置、各种 IDE 的工具配置以及怎样运行一个最简单的 Flutter 程序。然后介绍了 Dart 语言的一些基本概念。接着利用 Flutter 基本的容器组件、图片组件以及布局组件，教读者创建一个简单的待办事项应用的原型界面，并介绍 Flutter UI 的布局思路以及原理。最后，介绍如何通过更加复杂的组件的不同组合，让待办事项应用识别复杂的手势以及在精妙的动画和页面之间完成路由跳转。

　　本书适合想使用 Flutter 开发移动端应用程序的人阅读。

◆ 著　　　　　任宇杰　王志宇　魏国梁　臧成威
　　责任编辑　王军花
　　责任印制　周昇亮
◆ 人民邮电出版社出版发行　　北京市丰台区成寿寺路11号
　　邮编　100164　　电子邮件　315@ptpress.com.cn
　　网址　https://www.ptpress.com.cn
　　北京天宇星印刷厂印刷
◆ 开本：800×1000　1/16
　　印张：23　　　　　　　　　2022年1月第1版
　　字数：508千字　　　　　　2022年1月北京第1次印刷

定价：99.80元
读者服务热线：(010)84084456-6009　印装质量热线：(010)81055316
反盗版热线：(010)81055315
广告经营许可证：京东市监广登字 20170147 号

序

跨平台开发一直是一个非常热门的话题，与此相关的各种框架也不断涌现，然而这其中的大部分解决方案是需要在性能、开发效率和跨端一致性上做出取舍的。Flutter 的出现打破了这一局面，其自带的 Skia 引擎具有优异的渲染能力和精简的渲染管线，得益于此，Flutter 让性能和跨端一致性得到了保证。另一方面，Flutter 的"热重载"能力能够让开发者编写的代码在保留状态的情况下，仅需毫秒级的等待时间就能看到更新后代码的执行效果，省去了漫长的编译时间，让开发变得异常高效。凭借这些优势，Flutter 逐渐在开发者群体中得到认可，开发者社区也越来越活跃，Flutter 已经成为现在主流的跨端解决方案之一。目前国内的头部公司，如阿里、腾讯、字节跳动、美团、滴滴等企业已经在生产上大规模使用 Flutter 了。

在我刚开始接触 Flutter 的时候，它还是一个小众框架，中文资料也非常少，因此需要不断地去国外技术网站寻找解决方案。对于一个初学者而言，如果没有移动端的开发背景，那要上手官方文档还是有一定难度的，将各个零碎的知识点串在一起并建立知识体系很难。我期待一本能够带我一步一步走通一个完整项目，并能在这个过程中向我传递日常开发 Flutter 所用的绝大部分知识和技巧的教程，这样就可以自由地使用这个框架，打造属于自己的应用。本书正是这样一本从 0 到 1 构建一个跨平台 App 的教程，跟着书中的案例学，你也可以快速上手 Flutter 开发。

正如本书的书名那样，Flutter 开发最初吸引我的地方就是用它编写 UI 的有趣之处，得益于 Widget 的组合设计，我可以自由地拼出我想要的界面，甚至可以在一个按钮中放进一个完整的 App，非常有意思。希望本书的读者都能从中感受到编写 Flutter 的快乐。

王鑫磊

CFUG（Chinese Flutter User Group）核心成员

前　　言

Flutter 是由 Google 推出的一套跨平台的开发框架，能帮助你迅速搭建一款精美且高质量的应用，示例应用如图 0-1 所示。Flutter 的设计理念是希望可以成为一个灵活、便携的 UI 工具包，适应各种需要绘制屏幕内容的平台。

图 0-1　使用 Flutter 搭建精美的应用

对于开发者而言，只需要开发一套代码，即可在移动端（Android/iOS）、Web、桌面、嵌入式等多端同时运行 Flutter 应用。Flutter 拥有丰富的组件、接口和社区扩展资源，能够帮助你快速实现目标功能；Flutter 具备的响应式风格框架和热更新能力都将提升你的开发体验，大大提高开发效率。

对于设计师而言，Flutter 可以帮助他们精确地实现设计意图，且无须降低保真度或被迫妥协。同时，Flutter 还可以作为一种高效的原型设计工具为设计师所用。

对于应用的用户而言，Flutter 可以让他们体验美观灵活的界面和顺滑的交互。

Flutter 框架和 Dart 语言都由 Google 公司开源，供所有开发者免费使用。目前，Flutter 已经成为开源社区最活跃的项目之一。

读者对象

有一定的编程基础，或者对某种编程语言有一定的了解（包括但不限于 C、Java、JavaScript、Objective-C 等），能帮你更好地理解 Dart 和 Flutter。但要是没有编程基础，也没关系，本书的章节安排可以让你在实际操作中学会 Flutter 的基础开发，掌握 Dart 编程的基本要领。

对于拥有任一移动平台开发经验的开发者而言，你们将能迅速上手 Dart，体验到 Flutter 的魔力。

同时，推荐大家阅读官方为各平台开发者提供的 Flutter 指南。

❑ 给 Android 开发者的 Flutter 指南：

https://flutter.cn/docs/get-started/flutter-for/android-devs。

❑ 为 Java 开发人员准备的 Dart 教程：

https://codelabs.flutter-io.cn/codelabs/from-java-to-dart-cn/index.html#0。

❑ 给 iOS 开发者的 Flutter 指南：

https://flutter.cn/docs/get-started/flutter-for/ios-devs。

❑ 给 React Native 开发者的 Flutter 指南：

https://flutter.cn/docs/get-started/flutter-for/react-native-devs。

❑ 给 Web 开发者的 Flutter 指南：

https://flutter.cn/docs/get-started/flutter-for/web-devs。

❑ 给 Xamarin.Forms 开发者的 Flutter 指南：

https://flutter.cn/docs/get-started/flutter-for/xamarin-forms-devs。

内容概览

本书将着重介绍 Flutter 在移动端的表现，全书分三部分，共 20 章，概述如下。

在第一部分中，我们将介绍 Flutter 的基础知识，让大家掌握使用 Flutter 开发应用时必知必会的内容，这部分包括第 1 章到第 6 章。

第 1 章是 Flutter 概述，介绍 Flutter 的技术特点和亮点。

第 2 章是 Dart 语言概述，简单介绍 Dart 语言，着重介绍 Dart 与其他语言不同的地方，感受 Dart 作为现代化编程语言带来的高效率。建议不熟悉 Dart 的开发者阅读。

第 3 章是开发环境的搭建部分，我们会阐述如何搭建 Flutter 环境，为后面的实际开发做好准备。

第 4 章介绍一个简单的 Flutter 应用程序 helloworld，该示例会让大家对使用 Flutter 开发移动应用有一个直观的认识。

第 5 章介绍 Flutter 开发过程中的调试工具，包括断点调试、HotReload（热重载）、HotRestart（热刷新）等调试方式。

第 6 章从整体层面介绍 Flutter 的核心——Widget，学完这一章后，你就可以了解 Flutter 中基础样式的展示，包括文字、图片、组合布局等。

在第二部分中，我们将在实战中学习 Flutter，从 0 到 1 构建并上线一个待办事项应用，这部分包括第 7 章到第 14 章。

第 7 章整体介绍我们要实现的应用，包括它的主要页面和功能，还将预览将要使用的各项技术点。

第 8 章是对第 6 章介绍的 Widget 相关知识的实践应用，我们会在这一章中使用各种 Widget，搭建出待办事项应用的"登录"页面，同时实现一些简单的校验逻辑。

第 9 章开始介绍 Flutter 中的路由机制，进而实现"登录"页面和"注册"页面的相互跳转。

从第 10 章一直到第 13 章，我们将一步步完善待办事项应用，构建"列表"页面等；了解 Flutter 在列表、选择器、动画、PlatformChannel 中的使用和实现。

第 14 章将完成待办事项应用上线前的准备工作和上线发布工作。至此，一个应用的开发工作将告一段落。

在第三部分中，我们将介绍 Flutter 的扩展功能，以进一步了解 Flutter。

第 15 章介绍多种数据和状态管理方式，这可以帮你深入理解 Flutter 的状态管理机制，增强代码的可读性，让代码更加易于管理和维护。

第 16 章和第 17 章将介绍一些优秀的 Flutter 工具，助力于更加高效地完成高质量应用的开发。

第 18 章将介绍如何编写测试代码，我们将通过单元测试、Widget 测试、集成测试多方位保障整个项目的质量，以及迭代过程中项目的维护。

第 19 章主要介绍性能优化，其中会提供一些最佳实践和性能优化方式。

第 20 章会分析 Flutter 的短期规划，共同展望 Flutter 的未来。

代码示例的获取和使用

读者可以前往 GitHub 项目 https://github.com/FunnyFlutter/todo_app 获取本书的代码示例[①]。

联系我们

读者可以前往 GitHub 使用 issue（https://github.com/FunnyFlutter/TodoApp/issues）与我们取得联系。

---

① 本书的源代码也可从图灵社区本书主页下载。

目　　录

第一部分

Flutter 的基础知识

第 1 章

Flutter 概述

本章中，我们将概要介绍 Flutter，首先介绍 Flutter 的发展历史，接着介绍其技术亮点，最后综合对比介绍相关的跨平台框架。

1.1 Flutter 的横空出世

本节中我们先来了解一下 Flutter 的历史。

1.1.1 Flutter 的前身——Sky

2015 年，Google 的 Dart 团队主办了 Dart 开发者峰会，并对外展示了名为 Sky 的 Dart on Android 项目。

Sky 项目使用原本作为网页开发语言的 Dart 开发原生 Android 应用，强调应用的运行速度和应用与 Web 的高度集成。Sky 不依赖于平台，其代码可以运行在 Android、iOS，以及任何包含 Dart 虚拟机的平台上。

1.1.2 Flutter 版本的历史

2017 年 5 月，在 Google I/O 大会上，Google 首次对外推出了 Flutter——一款聚焦于创建移动应用的开源框架。

2018 年 2 月，在世界移动通信大会（MWC）上，发布了 Flutter 的 beta 1 版本。

2018 年 5 月，在 Google I/O 大会上，发布了 beta 3 版本。这次大会之后，Flutter 的活跃用户量增长了近 50%，从中我们感受到了 Flutter 生态系统的迅速成长。我们通常使用 GitHub star 来衡量一个开源软件的受欢迎程度，就在当年 5 月，Flutter 进入了 GitHub star 排行榜的前一百。如图 1-1 所示，2018 年 2 月发布 beta 1 版本后，Flutter 的 GitHub star 就一直在快速增长。

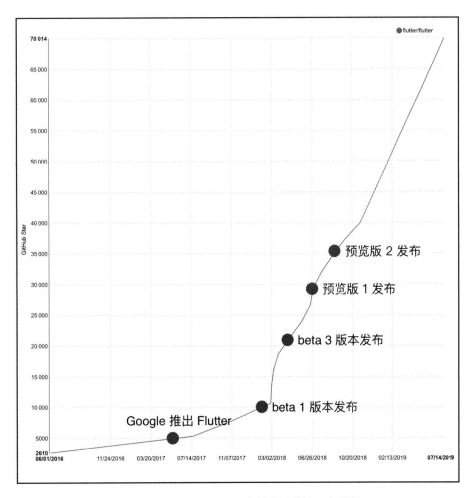

图 1-1　GitHub 上 Flutter 的关注量持续迅猛增长

2018 年 12 月，在 Flutter Live 上，Flutter 的首个稳定版本 1.0 发布，这标志着 Flutter 已经完善，可以投入生产环境，开始步入新阶段。

2019 年 2 月，在世界移动通信大会上，Flutter 1.2 版本发布。在这个版本中，主要提升了 Flutter 框架的稳定性、性能和质量，同时改进了现有 Widget 的视觉效果和功能，最重要的是提供了全新的基于 Web 的调试工具。

2019 年 9 月，在 Google 开发者大会（GDD）上，Flutter 1.9 版本发布。在这个版本中，Flutter for Web 被合并到 Flutter 的主仓库，同时 Flutter 针对新的 macOS 和 iOS 系统进行了相关适配。

2019 年 12 月，Flutter 1.12 版本发布。在这个版本中，Flutter for Web 进入 beta 阶段，同时对 macOS 平台的支持也从技术预览阶段进入到了 alpha 阶段。

2020 年 5 月，Flutter 1.17 版本发布。在这个版本中，Flutter 针对移动端的内存占用和包大小占用进行了相关优化，同时在 iOS 平台支持了 Metal，进一步提升了 Flutter 在 iOS 平台上的性能表现。

2020 年 8 月，Flutter 1.20 版本发布。在这个版本中，Flutter 针对 Flutter 框架本身和 Dart 语言机制都进行了性能相关的提升，同时提供了更多具有丰富功能的 Widget，还针对开发者工具进行了多项更新，例如将调试面板嵌入到 VS Code 中。

2020 年 10 月，Flutter 1.22 版本发布。该版本主要针对 Android 11 和 iOS 14 进行了更好的适配，同时 PlatformView 也进入了 stable 状态。

1.2　Flutter 的技术亮点

作为一款全新的应用开发框架，Flutter 有着不同于其他框架的架构设计和跨平台特性。那与传统的应用开发方式相比，Flutter 有什么相同和不同的地方？

- ❑ 高度优化的针对移动应用的 2D 渲染引擎，更出色的文字支持功能。
- ❑ 现代化的响应式开发框架。
- ❑ 适用于 Android 和 iOS 风格的丰富 Widget。
- ❑ 用于单元测试和集成测试的 API。
- ❑ 用于连接系统和第三方 SDK 的互操作及插件 API。
- ❑ 无界面（headless）测试运行器，用于在 Windows、Linux 和 Mac 系统上运行测试。
- ❑ 命令行工具，用于创建、构建、测试和编译应用。

1.2.1　跨平台的精美设计

Flutter 的核心使命之一就是通过一流的技术支持，助力开发者打造富有表现力的灵活移动 UI。

在构思应用的设计方案时，可能需要在设计师的意图和实际开发平台的限制之间做权衡。移动应用的设计师和开发者经常在不同的“世界”中工作，他们使用的工具存在难以跨越的边界，并且在开发过程中，迭代设计时难免会遇到困难。有时，设计师的愿景会因开发者使用的 API 或框架而受到限制；有时，为了考虑整体的开发日程，视觉上的调整经常会被“推迟”（这个推迟也可能意味着“永远”），如图 1-2 所示。

使用 Flutter 时，我们可以从一开始就控制屏幕上的每个像素。Flutter 最大程度地实现了 Material Design（谷歌官方推出的设计语言），并将其内置到 Widget 中（在 Flutter 里，几乎所有的界面内容都是 Widget），可以在 iOS 和 Android 上提供符合 Material Design 设计语言的完美体验。

原始设计效果　　实际实现效果

图 1-2　设计师难免要执着于细节，但开发日程让妥协成为常态

在设计领域，已经出现了针对 Flutter 打造的工具，例如我们可以使用 2Dimensions Flare 来制作动画，并用一行代码将动画插入应用中。图 1-3 是一个使用 Flare 构建的自定义动画示例，请注意这个动画不是预渲染的序列帧，小熊的眼睛会跟踪使用者的手指。

图 1-3　小熊登录界面，动图中小熊的眼睛会跟踪使用者的手指

> **拓展**
>
> 　　Supernova，知名的 design-to-code（设计转代码）工具，最近也宣布支持将 Sketch 设计文件直接导入 Flutter。相信有不少设计师在使用 Sketch 制作界面和线框，现在，设计稿与代码只有"一键"之遥。

　　Flutter 给设计师提供了充分发挥想象力的空间，使他们能够尽情实现精美绝伦的创意，而不受框架局限性的干扰；给开发者提供了最高的开发效率，使他们不必在设计稿的像素级还原上花费过多时间。

1.2.2　跨平台的高生产力

　　Flutter 引入了 Stateful Hot Reload（保持应用状态的热重载），这个革命性的新特性可以让移动开发者和设计师们实时迭代应用程序。对于常规移动应用的开发，在修改代码之后，需要将应用编译、部署、重新运行到测试状态，以查看更改结果。这个过程往往意味着更多的时间消耗，以及更多的操作路径。而有了 Stateful Hot Reload 后，这些都成为了过去，修改代码以后无须重新启动应用，就可以在数毫秒内展现这些改动。根据开发者用户的反馈，可以知道开发应用时的生产力获得了巨大提升，如图 1-4 所示。

图 1-4　修改应用的 UI 和逻辑后无须重新编译，即刻可见

Flutter 现在已经有了快速修改的能力，再加上跨 iOS 和 Android 等多平台的发布能力，开发效率今非昔比。一些移动应用已经能够在短短几周的时间内完成从编写第一行代码到应用在应用商店上架的全部工作，这样的效率在传统的原生移动开发中是不可想象的。

1.2.3　跨平台的高效表现

与 React Native 等跨平台应用不同，Flutter 不是在代码和底层操作系统之间引入抽象层，而是生成原生应用，这意味着应用是直接编译并运行在 iOS 设备和 Android 设备上的。

Flutter 的高效表现主要得益于 Dart 语言在 AoT（Ahead-of-Time）编译模式下的高效运行以及 Flutter 渲染引擎的高效绘制能力，如图 1-5 所示。

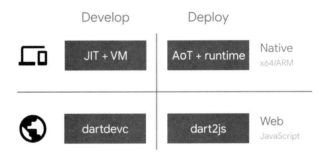

图 1-5　Dart 的编译模式

Flutter 的编程语言 Dart 是一款集百家之长的语言，是为满足全球化应用开发的需求而设计的。它易于学习，包含全面的代码库和代码包，可以减少我们需要编写的代码量，并且它也是完全为了提高开发者的生产力而设计的。在应用发布之前，Dart 代码会直接编译成目标设备的机器代码，而不用像 JavaScript 那样，需要使用 JavaScript 引擎动态解释运行。这意味着我们编写的代码会在目标设备上直接运行并显示，因此我们可以充分地利用设备性能。

Flutter 与大多数用来构建移动应用的工具不同，它既不使用 WebView 来绘制像素，也不使用设备附带的 OEM Widget。Flutter 中的每个像素都是使用 Skia 图形引擎绘制的。Skia 是一种 Android 和 Chrome 也在使用的硬件加速的图形绘制引擎，可以让应用具备快速、稳定的性能，应用可以以每秒 60 帧的速率在手机屏幕上流畅运行，即使在配置较低的设备上也不会卡顿。Flutter 不是游戏引擎，但它为我们的应用带来了游戏级别的性能。

1.2.4　可扩展的开放平台

Flutter pub 提供了分享 Flutter 和 Dart 资源的资源管理系统，类似 Maven 之于 Java，我们可以从中快速获取各种有趣实用的包，利用开源的包能够轻松地在应用中实现自己的想法和创意。

图 1-6 展示了使用 Flutter 时常用的部分工具库。

图 1-6　使用 Flutter 时常用的部分工具库

　　在 Flutter 中使用包可以实现扩展功能。通过适应扩展功能，我们既可以获取纯 Dart 的功能，如网络请求（HTTP），也可轻松实现获得原生功能扩展的 Dart 封装，如电池信息（Battery），还可以轻松接入支持的第三方平台 SDK，如 Firebase。目前已经有越来越多的 SDK 开发者开始提供对 Flutter 应用的支持。

　　当然，我们还可以尝试制作自己的包，将创意和实现分享给更多开发者，共同完善 Flutter 的生态系统。

1.3　小结

　　本章中，我们简单介绍了 Flutter 技术的发展历史及其拥有的一些技术亮点，主要帮助读者对 Flutter 建立一个初步的认识。

第2章

Dart 语言概述

本章中，我们主要讲解一些在 Flutter 开发过程中常用的 Dart 基本类型，同时介绍在 Dart 语言中占据举足轻重地位的方法。除此之外，还会讲解控制语句、异常处理。通过这些，我们可以了解在 Dart 语言中如何利用基本类型实现一些基本的逻辑。再接下来，我们会讲解类以及泛型，它们有助于我们了解如何在 Dart 中基于面向对象的方式来编写代码。除此之外，异步、引入外部代码这些进阶知识，能够帮助我们编写更多的高阶代码。

2.1 基本数据类型

在 Dart 语言中，我们常用的基本数据类型主要包括数字、字符串、布尔、列表、集合以及映射，本节我们首先简单了解一下这些基本类型的用法。

2.1.1 数字

在 C 语言中，对数字的描述可以分为整数型和浮点型。Dart 同样如此，其数字分为 `int` 和 `double` 两种类型，它们都是 `num` 的子类。

Dart 语言中的 `int` 类型通常为 64 位有符号整型，`double` 类型为 64 位有符号浮点数类型，符合 IEEE 754 标准。需要注意的是，当把 Dart 代码编译成 JavaScript 代码时，如果 JavaScript 中的 `number` 类型对精度有要求，则最大只能使用 54 位有符号整型数字。在有精度要求的情况下，`int` 类型的数字取值范围最好在 -2^{53} 和 $2^{53}-1$ 之间。

下面我们尝试声明两个数字，它们分别为 `int` 类型和 `double` 类型：

```
int fisrtInt = 1;
double firstDouble = 1.001;
```

当然，也可以直接通过十六进制或者小数的科学计数法对数字进行表示，分别如下：

```
int hexInt = 0x10ABCD;
double exponentDouble = 1.002e5;
```

2.1.2　字符串

可以说，字符串是日常使用中最重要的数据类型之一。在 Dart 中，我们可以使用单引号（'）、双引号（"）来声明字符串类型的数据。下面举几个例子：

```
String firstString = 'This\'s is an string';
String secondString = "This's is another string";
String stringWithEmoji = "This string contains an emoji ☺"; // 最后一个字符为 emoji 表情
```

除此之外，我们也可以利用加号（+）将多个字符串类型的数据拼接在一起。如果我们拼接的目标里包含其他类型的对象，Dart 会先自动调用 toString 方法将此对象转换成字符串对象，再进行拼接。如果需要在文字中嵌入多个变量或者表达式，那么直接使用 + 进行拼接并不是很方便，这时可以使用 ${} 语法。如果 {} 内仅包含一个变量标识符，我们还可以省略 {}。下面我们尝试通过不同的方式声明和拼接字符串类型的数据：

```
String funny = 'Funny';
String concat = 'It is' + funny + 'Flutter';
String expression = 'It is ${funny.toLowerCase()} Flutter';
String identifier = 'It is $funny Flutter';
```

2.1.3　布尔

Dart 专门为布尔变量创建了一个布尔类型。这个类型只有两个对象实例——true 和 false。需要注意的是，这两个对象都是编译时常量。

在 C 语言的判断语句中，我们可以将非 0 值传递给 if 表达式，编译器会自动将其转换为布尔值进行逻辑判断，但这在 Dart 中是非法的。在 Dart 中，类似 if 和 assert 这样的表达式，仅支持传入布尔值进行逻辑判断。示例代码如下：

```
int intValue = 1;
assert(intValue); // 编译时错误

bool boolValue = true;
assert(boolValue); // true

int doubleValue = 1.0;
if (doubleValue == 1.0) {
  print('equal'); // 输出 equal
}
```

2.1.4　列表

前三节讲了最常用的几种基本数据类型，它们完全可以满足日常最基本的一些编程需求。但是，为了更好地进行 Flutter 编程，多了解一些数据类型也是极有必要的。首先需要了解的是列表，支持随机访问，这点类似于其他语言中的数组或者向量。可以使用 `[]` 来声明列表对象，下面做一些简单的测试：

```
List<String> list = ['f', 'l', 'u', 't', 't', 'e', 'r'];
assert(list[0] == 'f'); // 结果为 true

list[0] = 'm'
assert(list[0] == 'm'); // 结果为 true
```

2.1.5 集合

相对于列表，集合中的元素不重复且无序，不支持随机访问，具有更好的查找性能。在 Dart 中，可以使用 `{}` 来声明一个集合。当声明的集合中包含内容时，编译器会自动对这个内容进行类型推导。当声明的集合为空时，编译器就无法自动推导类型了，因此建议在声明集合时使用泛型显式声明内容类型。如果使用 var 关键字来声明一个空集合，由于声明映射时已经占用了 `{}`，因此要显式地写明泛型，例如 `<String>{}`，否则编译器会报错。下面声明两个集合对象，并做一些简单的测试：

```
Set<String> set = {'dart', 'flutter'};
assert(set.length == 2); // 结果为 true

var happiness = <String>{}; // 或 Set<String> happiness = {}
happiness.add('funny');
happiness.addAll(set);
assert(happiness.length == 3); // 结果为 true
```

2.1.6 映射

在日常的开发工作中，有许多场景离不开映射，例如将英文单词映射成中文，将 ID 映射成用户名等。我们可以对任意两个 Dart 对象进行映射，需要注意一个键名只能有一个与之对应的键值。在 Dart 代码 中声明映射对象时，可以使用跟声明集合对象时相同的符号——`{}`。区别在于在映射中使用时，要用 : 符号分隔键名和键值。声明好后，Dart 编译器会自动进行类型推导。需要注意的是，如果使用 var 关键字来声明一个空映射，那么默认会把 `{}` 推导为映射类型，如果想用 `{}` 声明集合，则需要显式地写明泛型，这一点在 2.1.5 节也有提到。示例代码如下：

```
Map<String, String> map = {
  'dictionary': '字典',
  'map': '映射',
};
assert(map.length == 2); // true

var nameBook = {};
assert(nameBook.length == 0); // true
nameBook[1] = 'Jony Wang';
```

```
nameBook[66] = 'Linda Zhang';
assert(nameBook[66] == 'Linda Zhang'); // true
assert(nameBook[2] == null); // true
```

2.2 函数

了解了用来承载代码中数据的基本数据类型后，我们还需要了解在 Dart 中如何使用函数来封装和调用代码中的逻辑。本节中，我们主要讲解函数的声明方式、函数的参数以及函数与闭包的关系。

2.2.1 声明

几乎所有的编程语言中都有函数相关的概念，我们可以简单地把它理解为一个包含输入和输出的代码集合。在 Dart 中，函数和其他数据类型一样是一等公民，意味着我们可以像传递值一样传递函数。Dart 中所有的函数都是 Function 的实例，这也是可以将函数作为值和参数来传递的原因之一。函数既能以 fun(){} 的方式声明，也能用 => 声明。函数返回值的类型是可以省略的，如果省略了返回值的类型，那么编译器会自动根据返回值做类型推导。不过，Dart 官方不推荐这样的做法。简单的示例代码如下：

```
String funny() {
  return "funny flutter";
}

lonelyFunny() {
  return "lonely funny flutter";
}

String shortFunny() => "short funny flutter";
```

需要注意的是，使用 => 声明函数是类似于 { return expression; } 的简化方式。

2.2.2 参数

在上面的示例中，我们声明的都是不带参数的函数，下面我们一起学习带参数的函数。和其他语言类似，Dart 中函数的参数也分为必选参数和可选参数。其中必选参数可以省略，即采取默认值，如果不省略就必须放在前面，可选参数则放在靠后的位置。根据是否命名，参数可以分为位置参数和命名参数，下面我们介绍一下各类参数的声明和使用方式。

(1) 必选位置参数

跟 C 语言和 Java 语言类似，Dart 支持使用位置来区分参数。在调用函数时，需要完全按照声明函数时的参数顺序传入各个参数。下面是一个示例：

```
void sayHello(String name, String greeting) {
  print("Hello $name, $greeting.");
}

sayHello("Jony", "nice to meet you"); // 输出 Hello Jony, nice to meet you.
```

这里的 `name` 和 `greeting` 都是必选参数，如果没有传入对应的参数，那么 Dart 编译器会报错。

(2) 可选位置参数

可选位置参数需要使用 `[]` 声明。如果有必选位置参数，那么需要放在可选位置参数的前面。示例声明如下：

```
void positionBasedOptionalParamter(String a, [String b, String c])
```

调用这个函数时，要按顺序传入各个参数。如果没有给可选位置参数传值，那么 Dart 会默认传入 `null` 作为这个可选参数的值。示例调用如下：

```
positionBasedOptionalParamter("test",  "b String"); // 参数 c 为 null
```

(3) 命名参数

命名参数需要使用 `{}` 声明。虽然这个声明形式跟声明可选位置参数时差不多，但在调用的时候，需要以 "参数名:参数值" 的方式传入参数。还是用 `sayHello` 函数作为示例：

```
void sayHello({@required String name, @required String greeting}) {
  print("Hello $name, $greeting.");
}

sayHello(name: "Jony", greetings: "nice to meet you"); // 输出 Hello Jony, nice to meet you.
```

我们可以看到这里出现了一个新的关键字 `@required`，这是 Flutter 框架提供的一个注解，能帮助我们标识哪些命名参数是必须要传入的。

2.2.3　闭包

在 Dart 中，我们可以像声明变量一样在任意地方声明函数。如果我们在一个函数的内部再声明另一个函数，那这个内部函数是可以访问其函数外部的变量的，外部的变量将会自动被内部函数捕获，形成闭包。所以，我们可以简单地把闭包理解成函数与上下文捕获机制的结合。下面，我们来举一个函数闭包的例子：

```
void outterFunction() {
  String hello = 'hello';

  void innerFunction() {
    String world = 'innerFunction';
```

```
    print('$hello $world'); // 输出 "hello world"
  }
}
```

这里我们首先在 `outterFunction` 的函数体中声明了一个 `innerFunction` 函数。在 `innerFunction` 函数中，可以访问和调用 `outterFunction` 函数中的变量。

2.2.4 `main` 函数

和 C 语言一样，Dart 中也有一个名为 main 的入口函数，程序会以 main 函数为入口开始执行。Dart 中的 main 函数没有返回值，void 关键字可以省略，声明成 main 或者 void main 都可以。下面我们举一个实际的例子：

```
void main() { // 或 main()
  print('Hello world.');
}
```

另外可以声明 List<String> 来接收外部传入的参数，这通常在编写命名行工具时使用，用于获取控制台传入的参数。下面我们来编写一个带有参数的 main 函数：

```
void main(List<String> args) {
  print('Hello $args');
}
```

2.2.5 匿名函数

大部分函数是有名字的，我们把没有名字的函数称为匿名函数。在 Dart 中，函数名字并不是必须的，如果有需要那么名字可以省略。例如，在遍历容器时，我们希望传入一个函数对容器内的每个成员都执行一遍这个函数定义的操作，这时函数的命名就显得不那么重要。举一个例子：

```
List<String> words = ['funny', 'flutter'];
words.forEach((word) {
  print('$word');
});
```

就像这个例子，如果匿名函数内只有一行代码，那么在声明该函数时还可以省略 `{}`，直接使用 `=>` 声明返回值。代码如下：

```
List<String> words = ['funny', 'flutter'];
words.forEach((word) => print('$word') ); // 输出 funny\nflutter
```

2.3 流程控制

一个编程语言最基本的部分莫过于由条件、循环等组成的流程控制语句。大多数编程语言中的流程控制语句写法大同小异，Dart 也不例外，本节中我们就来简单了解一些 Dart 语言中的基本控制语句。

2.3.1　利用 `if` 来判断

利用 if 语句，可以改变程序的执行流程。在 Dart 中，if 和 else if 语句都是接收一个布尔类型的条件结果为参数，当判断此结果为真时，就执行控制流中的语句。示例代码如下：

```
if (isRaining()) {
  you.bringRainCoat();
} else if (isSnowing()) {
  you.wearJacket();
} else {
  car.putTopDown();
}
```

2.3.2　利用 `for/while` 来循环

当我们需要对一个容器进行遍历或者需要执行一系列重复性操作时，就要用到 for 和 while 语句。在 Dart 中，for 循环有两种形式。一种和 C 语言中的 for 循环类似，包含三部分：初始语句、条件语句、操作语句。另一种和 JavaScript 语言中的 for in 类似，用于遍历一个可迭代的对象。以下示例展示了两种 for 循环：

```
for (int i = 0; i < 5; ++i) {
  print('$i ')
} // 0 1 2 3 4

List<int> array = [1, 2, 3, 4, 5]
for (int item in array) {
  print('$item ')
} // 1 2 3 4 5
```

while 语句同样可以实现循环，它接收一个条件值，当条件为真时执行循环体中的语句。while 循环也有两种形式，一种就是 while，另一种是 do while。两者的区别在于判断语句的执行时机不同，while 会在执行循环体之前对条件进行判断，而 do while 会在执行完循环环体后才对条件进行判断，也因此 do while 一定会执行一次循环体，以下示例展示了两种 while 循环：

```
Int count = 1;
while(count > 0) {
  print('$count ');
  --count;
} // 输出 1

Int index = 0;
do {
  print('$index ');
  --index;
} while(index > 0); // 输出 1
```

使用 break 和 continue 可以分别结束整个循环和跳过当次循环。以下示例展示了 break 和 continue 的作用：

```
List<int> array = [1, 2, 3, 4, 5];
for (int item in array) {
  if (item == 1) {
    continue;
  }
  if (item == 4) {
    break;
  }
  print('$item ')
} // 输出 2 3
```

2.3.3 利用 switch 来选择

相较 C 语言，Dart 对 switch 语句做了加强。Dart 中的 switch 不仅可以比较整数，还可以比较字符串以及其他编译期常量。需要注意的是，利用 switch 进行比较的变量必须和 case 语句中的变量类型相同，并且不能重写比较函数 ==。除了空 case 语句，其他 case 语句必须以 break、continue、throw 或者 return 为结尾，否则编译器将抛出错误，其中 continue 需要和 label 结合使用。如果所有 case 语句都未命中，switch 将自动执行 default 语句。示例代码如下：

```
switch (state) {
  case 'RETRY':
    continue label;
label:
  case 'CLOSED':
  case 'NOW_CLOSED':
    executeNowClosed();
    break;
  default:
    throw UnsupportedStateExcetpion('Unsuported state: $state')
}
```

2.4 异常处理

在计算机科学中，异常是一个极其重要的概念。当底层遇到无法处理的问题时，就会向上层抛出异常，由上层决定程序接下来的状态。在操作系统中，也可以用信号的形式抛出异常。有些异常可以被程序接管处理，但也有些异常（如内存溢出异常）可能导致整个程序直接被终止执行。

2.4.1 抛出异常

Dart 提供了 Exception 和 Error 两种形式的基础异常类型。一般来说，Dart 建议上层的用户代码应该保护抛出的 Exception，而不应该保护抛出的 Error，因为 Error 表示一个运行时的错误。例如当 List 对象为空时，List.first 方法会抛出 StateError 以表示错误。当然，Dart 也可以将任意非空对象当作异常抛出，但这并不是 Dart 官方建议的做法。示例代码如下：

```
throw Exception('This is first dart exception');
throw 'Network connection closed';
```

2.4.2 捕获异常

底层抛出异常后，上层会立即停止执行异常后面的代码，转而去执行异常控制程序。在 Dart 中，底层的异常能够被上层捕获和处理。不仅如此，Dart 还支持捕获和处理特定类型的异常。未被捕获的异常则继续向上层传递，直到没有任何代码捕获它，如果一直没有代码捕获并处理这个异常，那么 Dart 会执行默认的异常处理逻辑，退出有异常的程序。示例代码如下：

```
try {
  ... // 其他代码
  throw FormatException('Format is wrong');
} on FormatException {
  print('Do not worry about it');
} catch(e) {
  print('Other exception $e');
  rethrow;
}
```

除了异常对象之外，Dart 还提供了异常堆栈参数以便用户排查问题。对于某些无法处理的异常，Dart 允许使用 rethrow 语句将此异常重新抛给上层，由上层处理它。示例代码如下：

```
try {
  someExceptionalFunction();
} on Exception catch(e) {
  print('Exception catched $e');
} on FileNotExsitException catch(e) {
  print('Record exception $e');
  rethrow;
} catch(e, s) {
  print('Unexpected exception $e catched, call stack: $s');
}
```

2.4.3 使用 finally 保证代码一定被执行

前面我们提到，一旦遇到异常，程序将立即跳转到异常控制程序，而不执行异常后面的代码。但有时我们需要在处理完异常后，执行一些代码逻辑（如清理工作），此时就需要用到 finally 代码块。finally 代码块紧跟在 try catch 代码块后面，等异常处理结束后，Dart 能够保证 finally 代码块中的逻辑得到执行。示例代码如下：

```
try {
  someExceptionalFunction();
} finally {
  doSomeCleanUp();
}

try {
  someExceptionalFunction();
} catch(e) {
  print('Exception catched $e');
} finally {
  doSomeCleanUp();
}
```

2.5   类

Dart 是一种面向对象的语言，其每一个对象都是一个类的实例。类是面向对象设计程序时实现信息封装的基础，我们可以将一些数据和方法封装在类中，对外暴露接口，屏蔽内部的具体实现。相对于 C++ 这种面向对象的语言，Dart 采用单继承的机制，即一个类只能有一个父类。如果想让一个类继承多个父类，可以使用 mixin（混入）机制。mixin 和 Swift 中的 Extension 类似，可以往一个类中混入其他类已实现的一些方法，而不需要继承其他类。

2.5.1   类的成员变量

一个类往往拥有很多成员变量和方法，在实例化一个类对象时，Dart 会为此对象申请内存空间以保存其成员变量和方法。任何一个 Dart 对象都是一个类的实例，利用这个对象可以访问类的成员变量和方法。下面就实例化一个 Point 类对象，请注意这里并未定义 Point 类，我们会在 2.5.2 节定义。代码如下：

```
// 示例代码，未定义 Point 类

Point p = Point(2, 2);
p.y = 3;
assert(p.y == 3);

num distance = p.distanceTo(Point(4, 4));
```

注意，对一个 null 对象使用 . 语法会导致 Dart 程序抛出异常，因此在使用 . 语法时应该确保变量值非 null。我们也可以使用 ?. 来保证不访问取值为 null 的变量或者方法，达到省去判空操作的目的。?. 的具体语义是当前对象如果不为空，就返回对应的成员变量；如果为空，则返回 null。示例代码如下：

```
var p = null

p.x; // 抛出异常
```

```
if (p != null) {
  print(p.x); // 若 p 非空, 则打印 p.x 的值
}

print(p?.x);// 若 p 为空, 则打印 null
```

2.5.2 类的构造方法

一般而言, 要使用一个类的成员变量, 先要创建一个类对象。在面向对象的语言中, 能够创建对象实例的方法被称为构造方法, 我们可以给构造方法传入具体的参数来构造一个特定的对象。在 Dart 中, 构造方法只能跟类名相同, 或者是一个类方法。这里会定义一个 Point, 代码如下:

```
class Point {
  num x = -1;
  num y = -1;

  Point(num x, num y) {
    this.x = x;
    this.y = y;
  }
  // 或直接用 Point(this.x, this.y) 声明, 与上面的函数等同

  Point.origin() {
    this.x = 0;
    this.y = 0;
  }
}

Point p1 = Point(1, 2);
Point p2 = Point.origin();
```

对于一些在实例中数据不会改变的类, Dart 可以利用常量构造方法构造一个常量对象, 编译器会在编译期构造此对象。需要注意的是, 只有所有成员变量都被标注为 final 的类才可以使用常量构造方法。使用 const 关键字可以声明常量对象, const 关键字可以在等号的左边或者右边, 也可以同时出现。示例代码如下:

```
class ImmutablePoint {
  final num x, y;
  const ImmutablePoint(this.x, this.y);
}

ImmutablePoint originPoint = const ImmutablePoint(0, 0);
const ImmutablePoint otherPoint = ImmutablePoint(0, 0);
const ImmutablePoint doubleConstPoint = const ImmutablePoint(0, 0);

// identical 函数用于检查两个变量是否引用同一个对象
assert(identical(originPoint , otherPoint)); // true
assert(identical(originPoint , doubleConstPoint )); // true
```

2.5.3　使用 getter 和 setter

我们通常不会直接利用对象访问类的成员变量。更常见的做法是利用 getter 方法和 setter 方法来访问和设置成员变量。在 Dart 中，编译器会为我们自动生成 getter 方法和 setter 方法，但有时需要我们自行实现，例如需要对传入的值进行计算时。对于这种情况，Dart 提供了 get 关键字和 set 关键字。自定义实现 getter 方法和 setter 方法之后，调用方并不需要更改原来的调用方式。以下示例展示了 get 关键字和 set 关键字的用法：

```dart
class Rectangle {
  num left, top, width, height;

  Rectangle(this.left, this.top, this.width, this.height);

  num get right => left + width;
  set right(num value) => left = value - width;
}

Rectangle rectangle = Rectangle(1, 2, 3, 4);
rectangle.right = 1;// setter
print(rectangle.right); // getter
```

2.5.4　继承

继承是面向对象设计中的一个基本概念，可以使子类具有父类的属性和方法。我们也可以给子类增加属性，重新实现和追加实现一些方法等。

有了继承机制，我们可以更好地利用面向对象的设计思路实现抽象。例如动物（Animal）类中已经实现了一个走路（walk）方法，当一个子类继承该类时，我们可以在子类的走路方法中实现特定的功能。在下面的代码中，人（Human）类和猫（Cat）类都继承自动物父类，我们分别在两个类中对走路姿态做了额外定义：

```dart
class Animal {
  void walk() {
    print('animal is getting away from here');
  }
}

class Cat extends Animal {
  @override
  void walk() {
    super.walk();
    print('cat is wagging tail');
  }
}

class Human extends Animal {
```

```
  @override
  void walk() {
    super.walk();
    print('human is waving hand');
  }
}

Cat cat = Cat();
Human human = Human();
cat.walk(); // 输出 animal is getting away from here\ncat is wagging tail
human.walk(); // 输出 animal is getting away from here\nhuman is waving hand
```

在实际的工程实践中，为了很好地区分开重写方法和其他方法，一般会在重写方法前加上
@override 注解。

2.5.5　抽象机制与抽象类

利用继承机制可以重新实现父类的方法，如果一个类想预留一些没有实现的方法给子类实
现，那么可以使用抽象机制。在 Dart 中，实例方法、setter 方法和 getter 方法都可以是抽象
的。要想在一个类中使用抽象方法，必须先利用 abstract 关键字声明此类为抽象类。抽象类中
含有未被实现的抽象方法，因此不能被直接实例化。抽象类中也可以包含部分方法的实现，当某
个子类继承抽象类时，它需要先重写抽象类中的所有抽象方法，之后子类才可以被实例化。下面
的示例构造了一个抽象类——动物（Animal）类，人（Human）类继承自此类：

```
abstract class Animal {
  void play(); // 定义一个没有实现的抽象方法 play
}

class Human extends Animal {
  @override
  void play() {
    print('human playing video game');
  }
}

Human human = Human();
human.play(); // 打印 human playing video game
```

2.5.6　隐式接口

Dart 没有为接口提供一个专用的关键字，但是在 Dart 的定义中，每个类都是一个隐式的接
口。利用 implements 关键字，一个类可以实现另一个类的所有实例变量和实例方法。如下示
例代码中的 Impostor 类就实现了 Person 类中的 _name 变量和 greet 方法：

```
class Person {
  final _name;
```

```
  Person(this._name);
  String greet(String who) => 'Hello, $who. I am $_name.';
}

class Impostor implements Person {
  get _name => '';
  String greet(String who) => 'Hi $who. Do you know who I am?';
}

String greetBob(Person person) => person.greet('Bob');

void main() {
  print(greetBob(Person('Kathy')));
  print(greetBob(Impostor()));
}
```

2.5.7　继承之外的另一种选择：mixin

Dart 和大多数面向对象的语言一样，也是采用的单继承机制。也就是说，一个类只能有一个父类。但很多时候，我们需要的是一种能力的组合而非简单的继承，借助 mixin 机制可以轻松实现这个功能。当然，我们也可以抽象出层级结构更多的父类以涵盖所有能力，但这并不十分灵活。

使用 mixin 关键字可以声明一个 mixin 实例，使用 with 关键字可以将 mixin 实例赋值给一个特定的类。下面我们举个例子，来感受一下 mixin 机制和 mixin、with 关键字的用法：

```
mixin Driver {
  driverLicence = true

  void driveCar() {
    print('I can driving')
  }
}

mixin Cooker {
  void makeFood() {
    print('I am cooking')
  }
}

class Person with Driver, Cooker {

}

Person a = new Person()
a.driveCar(); // 输出 I can driving
```

在上面的示例中，我们通过把实例 Driver 和 Cooker 赋值给 Person 类，让人具有了开车和做饭的能力。简单来讲，mixin 机制就是将特性或者能力赋予某个类。在 Dart 中，即使一个类没有使用 mixin 关键字声明，使用 with 关键字也可以把它作为 mixin 实例赋值给另一个类。

示例代码如下:

```
class Listenable {
  void listen() {
    print('I am listening')
  }
}

class Channel with Listenable {

}
```

我们也可以使用 on 关键字限定某个 mixin 实例只能由特定的类使用。在这样的 mixin 实例中,可以调用原类中的函数。下面的示例就限定了实例 Flyable 只能由 Bird 类使用,并在 Flyable 中调用了 Bird 类的函数 saying:

```
class Bird() {
  void saying() {
    print('tweet tweet tweet');
  }
}

mixin Flyable on Bird {
  void fly() {
    print('I am flying');
    saying();
  }
}
```

2.6 泛型

2.6.1 泛型与类型安全

Dart 中变量的类型是可选的,所以在类型约束方面比较松散。但在某些场合中,我们仍然需要对类型进行约束,这时就要用到泛型了。举个例子,Dart 中的 List 数据类型就支持泛型,因此默认 List 实例中可以放入任意类型的对象。示例代码如下:

```
List list = new List();
list.add(123);
list.add(true);
list.add({'123': 123});
print(list); // 输出: [123, true, {123: 123}]
```

在这个例子中,list 里包含整数类型、布尔类型和字典类型的数据。但这样对这个 list 的使用者并不友好,因为使用者没有办法安全舒适地对 list 进行遍历。更最重要的是,不限制可以放入容器中的数据类型可能会给维护工作带来巨大的灾难。因此,泛型是保证类型安全的重要途径。

2.6.2 在定义中使用泛型

当类中某个成员是类型不确定的数据时，可以在定义这个类的时候使用泛型代替这个成员的类型。下面我们举一个例子：

```
class TypeList<T>{
  List list=new List();

  add(T value){
    list.add(value);
  }

  T operator [](int i){
    return list[i];
  }

  forEach(f) => list.forEach(f);
}

void main() {
  TypeList<String>  books = new TypeList<String>();
  books.add('《有趣的 Flutter》');
  books.add('《Flutter 入门经典》');
  books.forEach((s) => print(s));
}
```

这个例子中，我们使用 T 来表示泛型。在调用 TypeList 的时候，需要为其指定泛型的具体类型。这里我们使用 TypeList<String> 将泛型 T 指定为 String 类型。于是在后面的操作中，我们只能向 books 中插入 String 类型的对象，否则编译器将报错。

2.6.3 在函数中使用泛型

我们不仅可以在类中使用泛型，也可以在函数中使用。下面举一个例子：

```
T first<T>(List<T> ts) {
  T tmp = ts[0];
  return tmp;
}
```

这个例子中的函数返回值、List 中的泛型，以及临时变量 tmp 的类型都是 T。在调用 first 函数时，我们需要在其后使用 <> 指定泛型的类型。示例代码如下，这里同样指定泛型 T 为 String 类型：

```
String str = first<String>(["123", "456"]);
print(str); // 123
```

2.6.4 限定泛型的类型

泛型并不意味着任意类型。在某些情况下，我们只希望泛型中的类型是某些指定的类型，此时可以限制泛型的类型。举个例子，我们希望泛型 `T` 只能是 `BaseClass` 或其子类，此时可以用以下方式声明：

```
class TypeList<T extends BaseClass> {
  // 在这里写其他的实现
  String toString() => "instance of 'Foo<$T>'";
}

class Extender extends SomeBaseClass { }
```

此时若使用其他的类型，编译器将会报错：

```
Foo<BaseClass> someBaseClassFoo = Foo<BaseClass>();
Foo<Extender> extenderFoo = Foo<Extender>();

Foo<Object> foo = Foo<Object>(); // 编译错误
```

2.7 异步

异步操作也是现代编程语言一定会重点实现的一个能力，其语法的简洁度会直接影响语言开发者的开发体验。这一点 Dart 做得相当出色，使用简单的语法便能直接完成异步操作。

2.7.1 什么是异步

在日常的代码编写中，有许多耗时的场景，如网络请求、磁盘 IO 等。在这些场景中，往往需要等待耗时操作完成后才能进行下一步操作。对于非主线程，可以进行同步等待。但对于主线程，同步等待可能会影响帧率，这样的代价可能是巨大的，因此这种场景下，需要让耗时操作异步执行。通常需要利用函数实现异步操作，示例代码如下：

```
readJSON(String filename, Function callback) {
  ... // 异步读取文件中的 JSON 内容，等读取完成后再调用回调函数 callback
  callback(content)
}
```

2.7.2 **Future** 对象与 **async/await** 关键字

嵌套层级过深的回调函数会使代码不易读，这个问题被称为回调地狱。ES7 引入了 `async` 和 `await` 关键字来解决这一问题，这个语言特性在 Dart 中同样可以使用，并且更加强大。首先，对于函数来讲，加上 `async` 声明表示这是一个异步函数，而 `await` 关键字仅能在异步函数中执行。ES7 中的 async 函数会返回一个 Promise 对象，与之对应，Dart 中的 async 函数会返回一个 Future 对象，Future 对象仅在遇到 await 关键字时才能执行。下面就来声明一个 async 函数：

```
Future readJSON(String filename) async {
  var content = await readFile(filename);
  return JSON.decode(content);
}

Future main() async {
  try {
    var jsonContent = await readJSON('/path/to/jsonFile');
    print('Reading JSON success with content: $jsonContent');
  } catch(e) {
    print('Reading JSON failed with error: $e');
  }
}
```

当然，也可以使用简化声明格式来声明一个 async 函数。async 关键字已经能表明函数的返回值是 Future 对象，因此只需要为函数添加 async 关键字，编译器就能自动进行类型转换（即便在声明函数时没有将返回值类型写成 Future，编译器也能将当前的函数返回值类型修改为 Future），示例代码如下：

```
String funnyString() => 'Funny flutter';
String asyncFunnyString() async => 'Async funny flutter';

print(funnyString()); // 'Funny flutter'
print(await asyncFunnyString()); // 'Async funny flutter'
```

2.7.3 使用 async for 处理 Stream 对象

Stream 对象是 Dart 中一个重要的组成部分，一般可以用于磁盘 IO 或者事件传递。以文件读取为例：

```
walkFiles(String directory, Function callback) {
  Stream<FileSystemEntity> listener = Directory(directory).list();
  listener.listen((entity) {
    if (entity is File) {
      callback(entity);
    }
  });
}
```

本例中，我们使用 Stream API 读取文件，返回了一个 Stream 对象。所有 Stream 对象都有一个 listen 方法，我们可以利用这个方法在异步产生返回值时执行对应的操作。例如，这里就将从磁盘中读取的文件实体（entity）通过回调方法传递了出去。

在 Dart 中，我们也可以使用 `async for` 来循环遍历 `Stream` 对象。`async for` 兼具 `async` 关键字和 `for` 循环的特性，只有当 `Stream` 中有值时才会调用 `{}` 内的语句并执行，可以使用 `return` 或者 `break` 来结束对 `Stream` 的监听。当 `Stream` 被上游关闭后，`async for` 循环将自动被打破，并继续执行后面的语句。还是以上面的文件读取为例，这里使用 `async for` 将其改写成如下代码：

```
walkFiles(String directory, Function callback) {
  async for (var entity in Directory(directory).list().listen()) {
    if (entity is File) {
      callback(entity);
    }
  });
}
```

2.8 引入外部代码

语法仅仅是编程语言的一部分，如果不支持代码引入，那么编程语言将无法高效地被投入实际生产。Dart 提供了一个外部代码引入的能力，利用这个能力，我们可以节省大量开发时间。上文多次用到的 `print` 函数就是一个 Dart 核心库 dart:core 中的函数，我们可以使用 `import` 关键字来引入需要的代码：

```
import 'dart:core';
print('Then, I can print something.');
```

2.8.1 利用 `import` 关键字引入其他框架中的代码

对于 dart:core 这样的核心库，其实并不需要显式地主动用 `import` 关键字引入它，Dart 会默认把它引入当前的上下文中。对于非核心库，如要使用随机数类 `Random` 时，才需要使用 `import` 关键字将包含此类的 dart:math 库导入当前的执行环境中。下面列举一些经常使用的库，方便大家查阅：

```
import 'dart:async';      // 异步 API，例如，对 Future 和 Stream 对象的支持
import 'dart:math';       // 数学计算相关的 API，如随机数生成函数
import 'dart:convert';    // 数据（如 JSON、UTF-8）相关的类型转换
import 'dart:io';         // 磁盘 IO 相关的 API
```

2.8.2 利用 `as` 关键字防止外部框架冲突

`import` 关键字会默认将代码包中的代码展开在当前上下文中，这样会引发命名冲突问题。例如，a 库和 b 库中都有函数 `func`，如果使用 `import` 关键字同时引用这两个库，就会导致编译器无法确定具体使用哪个库中的函数而报错。因此，需要在导入的时候对 a、b 库进行区分。在 Dart

中，我们可以使用 as 关键字对代码库进行重命名，利用 alias.func 的方式，就可以区分开两个库的函数，进而正确地找到函数并调用。示例代码如下：

```
import 'a' as a
import 'b' as b

a.func()
b.func()
```

2.9   小结

本章我们对 Flutter 框架使用的 Dart 语言做了基本介绍，这些基本的语法知识有助于更好地理解之后的示例代码。如果在第二部分的开发实战中遇到不会的语法，可以返回本章来查询。

第 3 章

环境搭建

前两章，我们简单了解了 Flutter 以及 Dart 语言。相信你已经对它们有了基本的认识，也已经按捺不住想要用 Flutter 开发应用了吧。下面，我们将介绍如何从零开始搭建 Flutter 的开发环境。当然，本章内容随着 Flutter 的更新可能会略显过时。所以，你也可以参考 Flutter 官方的教程来搭建环境。如果你已经搭建好了环境，或者决定使用官方的教程搭建环境，就可以跳过本章，直接阅读后面的内容。

好的，如果读到这里，相信你已经决定跟着本章内容学习了。那么赶紧开始吧！对于大多数开发者来说，开发环境主要是 Windows 和 Mac 操作系统，所以这里的环境搭建教程也以这两种系统为主。

3.1 在 Windows 系统搭建环境

在 Windows 系统搭建环境所需的主要工作包括下载开发工具、搭建 Android 开发环境以及安装 Flutter SDK，本节中我们一一讲解这三项内容。

3.1.1 下载开发工具 Android Studio

我们可以使用编辑器加命令或者加插件的方式来开发 Flutter，也可以使用 IDE 加插件的方式开发。Flutter 为 Android Studio 和 VS Code 都提供了插件支持，这两种方式 Flutter 官方都推荐。这里，我们更推荐新手使用 Android Studio 进行日常的开发，因为 Android Studio 不仅支持编写代码，更为新手解决了很多环境和配置相关的问题。任何时候我们都可能遇到问题，Android Studio 强大的社区支持也为快速解决这些问题提供了保障。这里并不是说 VS Code 不优秀，你当然也可以选择用 VS Code 进行日常开发，只是由于篇幅所限，就不在此赘述了。

首先，可以在 Android 开发者的官方网站找到对应的 Android Studio 版本并下载下来，一般下载最新的版本就好了。下载完成后，双击安装包，向导程序会指引我们完成安装。

在安装过程中，请注意勾选 Android SD 及 Android SDK Build-Tools 选项，这样 Android 的开发环境就会自动下载完成了，安装过程见图 3-1、图 3-2 和图 3-3。

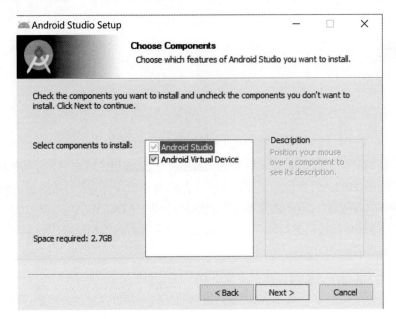

图 3-1   安装向导

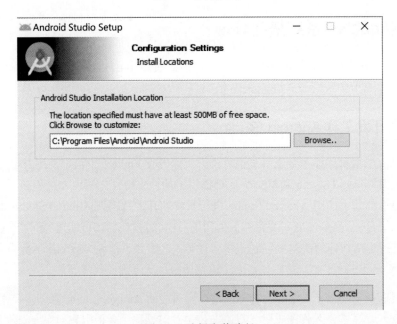

图 3-2   选择安装路径

图 3-3　完成安装

在有些情况下，启动器脚本无法找到 JDK 的安装位置。遇到此问题时，需要设置环境变量，让其指向正确的安装位置。

安装完 Android Studio 之后，需要再安装 Flutter 插件才可以进行 Flutter 开发。可以在 Android Studio 的 Plugins 里搜索 Flutter，然后单击 Install 即可安装。

3.1.2　搭建 Android 开发环境

因为 Windows 系统上无法搭建 iOS 开发环境，所以这里只介绍 Android 开发环境的搭建。在 3.1.1 节，我们已经安装好了 Android Studio，这个安装过程中已经将 Android 开发环境搭建好了。如果你需要下载特定的版本，只需要启动 Android Studio → Tools → Android → SDK Manager，在里面勾选下载即可。

接下来我们需要一个 Android 设备，以便让 Flutter 应用运行。Android 设备众多，于是 Android Studio 提供了一个虚拟设备管理器（下文简称 AVD Manager，Android Virtual Device Manager）来管理 Android 的虚拟设备。在 AVD Manager 中，我们可以定义想要在 Android 仿真器中模拟的 Android 手机、平板电脑、Wear OS 或 Android TV 设备的特征。AVD Manager 是一个可以在 Android Studio 中启动的界面，可以帮助我们创建和管理 Android 虚拟设备。

首先在 Android Studio 中打开 Tools，然后在工具栏中选择 AVD Manager，其界面如图 3-4 所示。

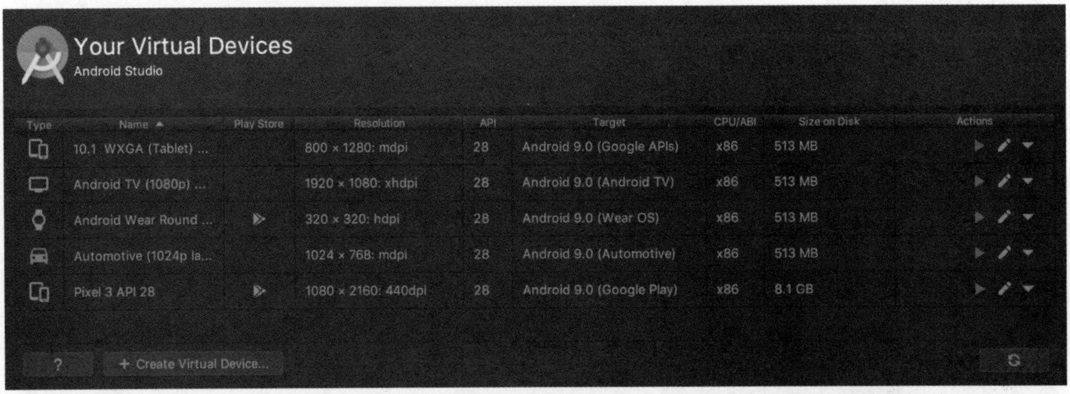

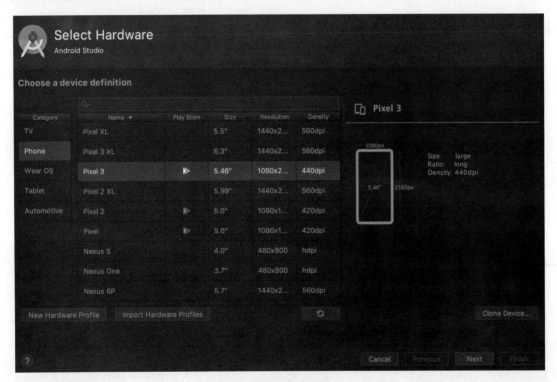

图 3-4　AVD Manager

单击图 3-4 底部的 + Create Virtual Device，创建一个新的 Android 虚拟设备，会打开配置设备硬件信息的界面，如图 3-5 所示。

图 3-5　配置设备硬件信息

配置完硬件信息之后，单击 Next 进入系统镜像选择界面，如图 3-6 所示。在这里，我们可以选择需要模拟的系统版本。

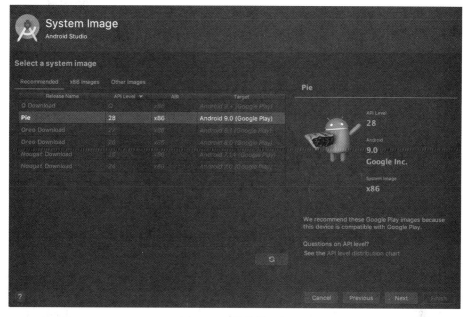

图 3-6   系统镜像选择

配置完系统镜像之后，单击 Next 按钮，进入最后的设备信息确认界面，如图 3-7 所示。在这里，可以总览设备的各种信息。

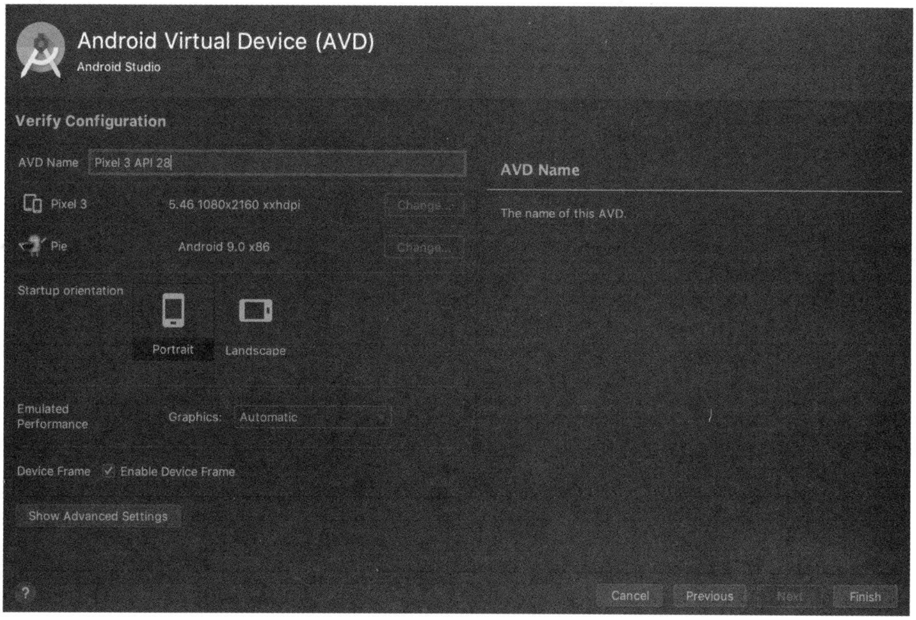

图 3-7   总览界面

确认各种信息无误之后，单击 Finish，一台符合我们要求的虚拟 Android 设备就创建成功了。

3.1.3   安装 Flutter SDK

可以在 Flutter 的官方网站上下载最新版本的 Flutter，如果遇到无法访问官方网站的情况，也可以在 Flutter 的官方 GitHub 页面（https://github.com/flutter/flutter/releases）中下载最新的 Flutter 发行版。下载完成之后，将压缩包解压，单击其中的 D:\path\to\flutter\flutter_console.bat。这样就可以在弹出的控制台中进行 Flutter 相关的命令操作了。

要想在任意终端中使用 Flutter，需要将 Flutter 的路径添加到对应的环境变量中。依次执行下面的操作。

(1) 打开"控制面板" → "用户账户" → "更改我的环境变量"。

(2) 在"用户变量"下检查是否有名为"Path"的条目：

    a. 如果该条目存在，就追加 flutter\bin 的全路径，使用；作为分隔符；

    b. 如果条目不存在，则创建一个新用户变量 Path，然后将 flutter\bin 的全路径作为该变量的值。

(3) 在"用户变量"下检查是否有名为"PUB_HOSTED_URL"和"FLUTTER_STORAGE_BASE_URL"的条目，如果没有，则添加这两者。

Flutter 主要由 Google 开发和维护，因此其中的一些资源可能需要访问 Google 的服务器才能获取。对此，Flutter 官方为国内的开发者提供了临时的镜像服务。可以将以下环境变量添加到"用户变量"中，以保证 Flutter 命令能够正确运行：

```
export PUB_HOSTED_URL=https://pub.flutter-io.cn
export FLUTTER_STORAGE_BASE_URL=https://storage.flutter-io.cn
```

配置完环境之后，我们来执行第一个 flutter 命令：

```
flutter doctor
```

这个命令会检查当前的环境并在终端窗口显示检测报告。首次运行 flutter 命令时可能较慢，因为它需要做一些下载和初始化的操作。举个例子，在执行 flutter doctor 后，输出了如下内容：

```
[-] Android toolchain - develop for Android devices
    • Android SDK at D:\Android\sdk
    ✗ Android SDK is missing command line tools; download from https://goo.gl/XxQghQ
    • Try re-installing or updating your Android SDK,
      visit https://flutter.io/setup/#android-setup for detailed instructions.
```

可以看出，Flutter 会提示我们环境存在哪些问题。我们可以根据这些提示完善安装，在正确安装依赖之后，再次执行 `flutter doctor` 命令检查，直到所有的报错都消除，我们的环境就搭建成功了。

3.2 在 Mac 系统搭建环境

在 Mac 系统搭建环境和在 Windows 系统搭建环境大同小异，只是这里需要额外搭建 iOS 的开发环境。

3.2.1 下载开发工具 Android Studio

在 Mac 系统上，我们同样推荐使用 Android Studio 作为开发工具，以便进行开发和调试。

同样可以在 Android 开发者的官方网站找到 Android Studio 的下载链接。下载完成后，单击 dmg 文件即可解压安装包。解压完后，拖动 Android Studio 图标到 Applications 文件夹即可完成安装，如图 3-8 所示。

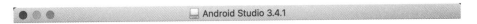

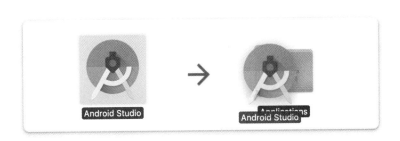

图 3-8　拖动 Android Studio 图标进行安装

安装完 Android Studio 之后，也是需要安装 Flutter 插件才可以进行 Flutter 开发。在 Android Studio 的 Plugins 里搜索 Flutter，然后单击 Install 即可安装。

3.2.2   搭建 Android 开发环境

我们还需要为 Android Studio 安装配套的 Android 开发工具。双击打开 Android Studio，如果
当前环境中不存在 Android SDK，那么 Android Studio 会引导我们进行 Android SDK 的安装，如
图 3-9 所示。

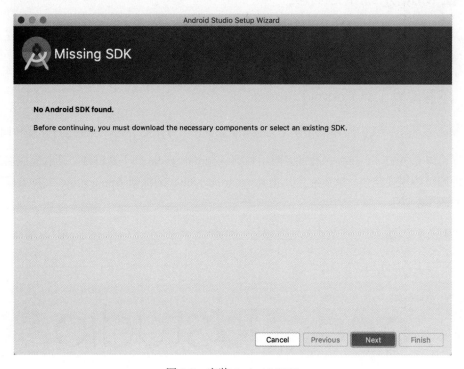

图 3-9   安装 Android SDK

> **注意**
>
> 我们建议你使用阿里云的 gradle 镜像，具体操作方法是在$HOME/.gradle/init.gradle
> 中添加如下内容：
>
> ```
> allprojects {
>   repositories {
>     maven { url 'http://maven.aliyun.com/nexus/content/groups/public' }
>   }
> }
> ```

基于图 3-9 所示的安装界面，一直单击 Next，直到 Finish 按钮变亮之后，引导程序会帮我们自动下载依赖的工具包。稍等片刻，Android 开发工具就安装完成了，如图 3-10 所示。

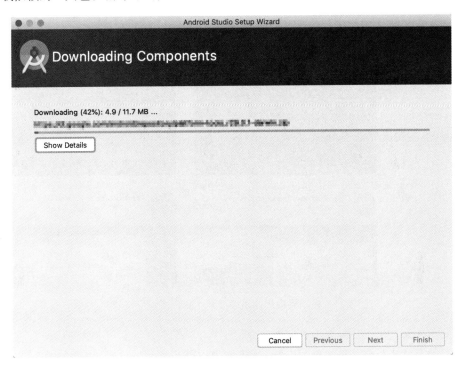

图 3-10　自动下载需要的工具包

接下来我们同样需要有一个 Android 设备，创建 Android 设备的过程和 3.1.2 节一样，故此处不再赘述。

3.2.3　搭建 iOS 开发环境

要为 iOS 系统开发 Flutter 应用程序，需要使用 Xcode 7.2 或更高版本。我们可以下载最新版本的 Xcode 以获得更多功能上的支持，目前的最新版本是 Xcode 11。安装 Xcode 的流程相对简单，首先打开苹果应用商店（App Store），然后以 Xcode 作为关键字进行搜索，Xcode 软件一般会出现在搜索结果的首页，如图 3-11 所示。

图 3-11   在苹果应用商店中搜索 Xcode 关键字的结果

安装好 Xcode 之后，还需要为其安装命令行工具。一般只需要打开一次 Xcode，它会提醒用户同意用户协议并进行命令行工具的安装。如果打开 Xcode 后，没有提醒安装命令行工具，也可以在命名行中输入以下命令手动安装：

```
sudo xcodebuild -license
xcode-select --install
```

安装完 Xcode 后，可以使用 open 命令启用模拟器。首先我们打开一个终端页面，然后输入以下命令：

```
open -a Simulator
```

稍等片刻，一个 iOS 模拟器就打开了。接着就可以在 iOS 模拟器上运行 Flutter 程序了。苹果的设备和模拟器都需要运行正确签名的软件，因此我们首先需要到苹果的开发者网站注册一个苹果的账号（Apple ID）。

拥有了 Apple ID 之后，我们需要安装一些辅助工具以帮助开发。要想方便地安装这些工具，需要用到 Homebrew。打开其官网，屏幕的中央会展示一条 Ruby 命令。以 2021 年 7 月的状态为例，我们将下面的代码复制到终端中执行，等待片刻，Homebrew 就安装成功了：

```
/usr/bin/ruby -e "$(curl -fsSL
https://raw.githubusercontent.com/Homebrew/install/HEAD/install)"
```

首次安装完成之后，我们执行 brew update 命令来更新 Homebrew 的包信息。更新之后，继续执行 brew install 命令，这个命令能够帮我们安装 iOS 开发中常用的工具。相关代码如下：

```
brew update
brew install --HEAD libimobiledevice
brew install ideviceinstaller ios-deploy cocoapods
pod setup
```

3.2.4　安装 Flutter SDK

Flutter 的官方网站是 http://flutter.dev/，我们可以在官方网站上下载到最新的 Flutter 版本。与此同时，对于无法访问官方网站的情况，我们也可以在 Flutter 的官方 GitHub 页面 https://github.com/flutter/flutter/releases 中下载到最新的 Flutter 发行版。在下载完成之后，我们需要将安装包解压到目标目录，例如将 Flutter 安装到用户目录下面的 .flutter_sdk 文件夹下，我们可以这么操作：

```
mkdir ~/.flutter_sdk
cd ~/.flutter_sdk
unzip ~/Downloads/flutter_macos_v1.22.6-beta.zip
```

在解压完成后，我们已经将 Flutter 放到了一个合适的地方。我们还需要添加 Flutter 的命令行工具到 path 中，这一步的目的是让系统能找到 flutter 命令行工具。这样我们就可以全局使用 flutter 命令调用相关功能了。

```
export PATH=`pwd`/flutter/bin:$PATH
```

Flutter 是由 Google 进行主要开发和维护的，其中的一些操作可能需要访问 Google 的服务。Flutter 官方为国内的开发者提供了临时的镜像服务，如果遇到了因为网络访问而造成的错误，我们可以将以下环境变量添加到用户环境变量中，以保证 Flutter 命令能够正确地运行。

```
export PUB_HOSTED_URL=https://pub.flutter-io.cn
export FLUTTER_STORAGE_BASE_URL=https://storage.flutter-io.cn
```

以上内容配置完成后，剩下的执行步骤就和 3.1.3 节一样了，这里不再赘述。

3.3　小结

本章我们分别基于 Windows 系统和 Mac 系统阐述了 Flutter 框架的环境搭建步骤，通过这一章的实际操作，相信读者可以在自己的电脑上配置好相关的开发环境，为后续的实战打好基础。安装 Flutter 和 Dart 的开发环境的过程可能会随着新版本的发布而改变，因此本书中的安装方法可能会过时。如果遇到安装问题，可以直接在 Flutter 的官方文档或者搜索引擎中寻找解决方案。

第 4 章

着手做第一个 Flutter 程序

完成了前面 3 章的学习之后，就可以进入实际的开发过程了。在此之前，我们先利用 Flutter 官方提供的示例应用，来了解一下 Flutter 程序的组成部分。因此，本章会带你利用 `flutter` 命令生成一个完整的应用，让你对 Flutter 项目的整体结构具有基本认知，了解 Flutter 应用的组成部分以及每部分的作用。

4.1　第一个 Flutter 项目

我们在第 3 章了解并安装了 Flutter 的命令行工具。下面，就用命令行工具来创建我们的第一个 Flutter 项目。

1. 使用模板创建工程

打开终端，输入以下命令：

```
flutter create helloworld
```

一个名为 helloworld 的工程就创建好了。同样，我们可以使用之前推荐的 Android Studio 来创建一个 Flutter 项目。首先，打开 Android Studio，会出现一个引导页，如图 4-1 所示，选择 Start a new Flutter project，就可以开始创建一个 Flutter 项目了。

一直单击 Next 按钮，最后单击 Finish 按钮，就创建出了第一个 Flutter 项目。

2. 让工程能够运行起来

先不了解刚创建的项目是什么结构，现在尝试让这个模板项目跑起来。首先需要确保已经打开了一个模拟器，如果没有安装，请回顾第 3 章的内容，安装一个 Android、iOS 模拟器。在确保安装并打开了 Android、iOS 模拟器后，试一试在控制台执行 `flutter run` 命令或者单击 Android Studio 上方的 Run/Run 'main.dart'按钮。等待一段时间，如果顺利的话，你将看到如图 4-2 所示的画面。

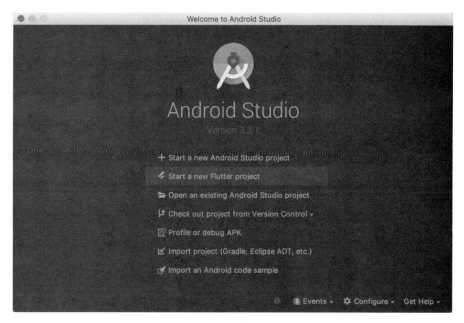

图 4-1 使用 Android Studio 创建 Flutter 项目

图 4-2 Flutter 默认计数器应用

怎么样，是不是很简单？我们好像什么都没有做，就完成了一个应用的开发。就像每一门编程语言在学习之初，都有打印 helloworld 的"习俗"一样，Flutter 也给新手创建了 helloworld 示例项目，有了这个项目，入门 Flutter 的门槛大大降低，大家可以很方便地边修改代码边学习。

4.2　Flutter 项目的文件结构

下面我们来继续探索这个 helloworld 项目，看看它都包含哪些组成部分。首先，来看一下项目的文件结构，如图 4-3 所示。

图 4-3　helloworld 项目的目录图

下面展开介绍一下图 4-3 中的内容。

❑ lib/main.dart 文件：整个应用的入口文件，其中的 main 函数是整个 Flutter 应用的启动起始函数。

❑ android、ios 目录：包含 Flutter 应用对应的 Android、iOS 应用实体。

❑ test 目录：存放项目的测试代码。

❑ pubspec.yaml 文件：Flutter 应用的包管理文件，引入第三方包时需要在此文件中管理。

从中我们可以了解到 Flutter 项目的入口文件是 main.dart。这个文件里有整个应用的入口函数 main：

```
void main() => runApp(MyApp());
```

一个 Flutter 应用启动后，会从 main 函数开始执行，我们可以在这个函数里做很多程序所需的操作。要让 Flutter 程序显示界面，可以给 main 函数内部定义的 runApp 方法传入 Flutter 的 Widget。

4.3 小结

在本章中，我们主要运行了最简单的 Flutter 程序并简单介绍了一个 Flutter 工程的文件结构，在后面的实践中，我们会基于类似的工程完成更为复杂的功能。

第 5 章

调试工具

我们已经学习了 Dart 的基本知识，也创建了一个基本的 helloworld 项目，但离真正的开发还差一步，我们还需要学习如何使用 Flutter 提供的调试工具。本章中，我们会在 Flutter 中使用断点调试来分析代码的运行情况，使用 HotReload 和 HotRestart 来为开发流程加速，使用 Flutter Inspector 来查看页面 Widget 的实际运行情况，使用 Flutter Outline 来查看当前文件中的代码结构。

5.1 如何使用断点

断点是放置在可执行程序中的临时标记，可以让程序在关键地方停止运行，并将现场展示给开发者，以便进行调试。打开 Android Studio，连接上设备，单击 Run/Debug，就可以对应用进行调试了。调试之前，打开要调试的文件，在某行代码的左侧单击一下，即可打上断点。如图 5-1 所示，用框圈住的地方就代表打上断点了，之后当程序运行到此处时，就会停止，让我们调试。此时下方的 Frames 标签中显示的是目前应用的调用栈，Variables 标签中包含当前环境下的所有变量值，Watches 标签下可以添加你关注的变量。

5.1.1 普通断点与条件断点

断点可以帮助我们调试代码，对于一些低频调用的函数，使用断点完全可以满足需求。但对于一些高频调用的函数来说，仅仅使用断点可能会使调试工作感到吃力。下面举个例子感受一下：

```
void func(int i) {
  print(i)
}

for (int i = 0; i < 100; i++) {
  func(i)
}
```

当我们在 func(i) 的前面打一个断点进行调试时，会出现 100 次暂停执行。但如果我们仅需要对 i 取 50 的情况进行调试，就可以使用条件断点。条件断点能够实时判断给定条件是否为真，只有当条件为真时，才触发断点，否则正常执行。

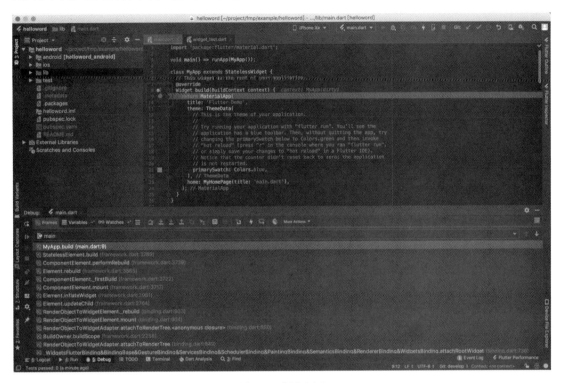

图 5-1　断点调试

右击断点，就可以对断点添加条件判断，如图 5-2 所示。

图 5-2　设置条件断点

5.1.2   step in 和 step over

当程序因为断点停在某一个函数调用之前时，如果直接单击下一步，调试工具将直接跳过函数的执行过程，给出调用结果。这时要想跳入函数内部进行调试，就需要单击 step in 按钮。如果调试结束后，需要退出当前函数，回到上层调用语句的下一条命令接着执行，则需要单击 step over 按钮，跳出当前正在运行的函数进行调试。在图 5-3 中，框里圈住的两个按钮依次为 step over 和 step in 按钮。

图 5-3   step over 和 step in 按钮

下面举一个例子：

```
void func1(int i) {
  print(i)
  print('func1 over')
}

void func2() {
  func1(2)
  print('over')
}
```

如果我们在 func2 函数中的 func1(2) 前面打一个断点，那么运行 func2 函数时，程序将断在 func1 函数处，此时单击 step in 按钮，调试工具就会进入 func1 函数进行调试。假设正在func1 中的 print(i) 处进行调试，此时如果单击 step over 按钮，程序将回到 func2 函数中断点的下一个命令处运行，即继续运行 print('over')。

5.2   HotReload 和 HotRestart

当 Flutter 应用运行起来后，可以在 Android Studio 里使用 HotReload 和 HotRestart 功能，具体表现为 Android Studio 下方的两个相邻按钮，图 5-4 中用框圈住了这两个按钮。

图 5-4   HotReload 和 HotRestart

5.2.1　使用 HotReload 加快 UI 开发

　　在现代的 UI 开发中，HotReload 功能经常会用到，这就是我们常说的热刷新或者自动刷新。这个功能可以让我们的代码变更立刻应用到界面上，免去了烦琐的启动流程，节省了大量的人力。Flutter 同样支持 HotReload 功能，它不仅可以帮我们刷新当前的函数或者类中的变更，而且支持刷新新增类或者方法。如图 5-5 所示，用框圈住的闪电图标（即倒数第三个按钮）就是 HotReload 按钮，在修改代码后，直接单击这个按钮，就可以马上看到界面发生的变化。

图 5-5　HotReload

5.2.2　理解 HotRestart

　　有了 HotReload 之后，在开发 UI 和一些逻辑运算的时候就不需要重新启动 App 了，这给我们的开发节约了很多时间。但并不是所有代码变更都适用 HotReload，例如全局变量的初始化，全局变量只初始化一次，多次初始化可能会带来严重的问题。类似的情况还有如下几种。

- ❑ 全局变量
- ❑ 静态变量
- ❑ App 的 `main` 方法

　　针对上面三种情况，需要全局刷新整个 App。我们可以使用 Flutter 控制面板中的重启按钮或者使用 Ctrl + F5 组合键进行全局刷新。全局刷新并不会对当前的调试产生影响，我们可以继续使用当前会话进行调试。

5.3　使用 Android Studio 中的 DevTools

　　在 Android Studio 中，Flutter 官方为我们提供了很多插件，例如 Flutter Inspector 和 Flutter Outline 等。而 Flutter 官方暂时还没有发布 VS Code 版本的插件。因此，到目前为止，使用 Android Studio 来调试复杂的逻辑可能是一个更好的选择。在 Android Studio 中使用 Flutter Inspector 和 Flutter Outline 非常方便，只需要单击 Android 右侧相应的标签即可，图 5-6 中用框标示出了标签所在的位置。

图 5-6　DevTools

5.3.1　使用 Flutter Inspector 查看 UI 结构

在 Flutter 中，视图的核心组件是 Widget，要想了解一个视图的结构，也应该从查看 Widget 树开始。Flutter Inspector 可以帮助我们查看视图的结构，解决和发现视图中的问题。要想查看 Flutter App 的视图结构，首先需要单击 Flutter Inspector 中的 Select Widget，这类似于浏览器中的检查元素。然后单击设备上的视图，就可以在插件中看到整个视图的层级结构，如图 5-7 所示。

我们还可以在 Flutter Inspector 中对 Widget 树进行点选和查看。这时如果想调试布局，需要单击 Render Tree，它会展示相同位置的渲染树，使我们很轻易地看出视图的堆叠关系，如图 5-8 所示。

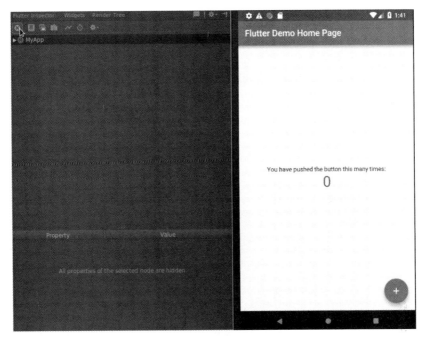

图 5-7　单击查看视图结构

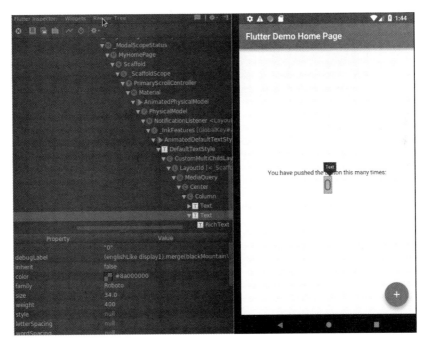

图 5-8　查看 Render Tree

5.3.2   使用 Flutter Outline 查看代码结构

Flutter Outline 的主要作用是视图预览。在运行一个项目之后，Flutter Outline 里会显示这个项目的每一个类、成员变量、方法名、参数等详细信息，因此可以通过 Flutter Outline 快速定位到要查看的相关类或者方法字段，如图 5-9 所示。

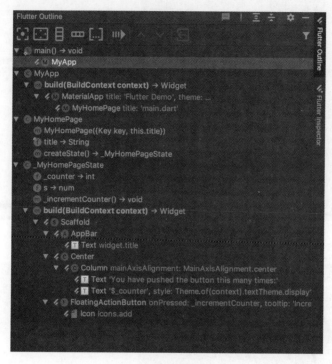

图 5-9   代码结构

5.4   小结

本章我们主要介绍了 Flutter 提供给开发者的各种调试工具，既包括基本的断点调试工具，也包括 Flutter 特有的 HotReload、HotRestart 和 Inspector 调试工具。通过学习这些调试工具，可以更好地排查开发过程中出现的各种问题。

第6章

Widget 概述

在 Flutter 中，几乎所有的东西都是 Widget，我们可以把它看作可视组件（或可与应用程序进行可视化交互的组件）。当需要构建与布局直接或间接相关的内容时，就会用到 Widget。

本章就来介绍一些 Flutter 中常用的 Widget。我们可以使用这些 Widget 展示文字，展示图片，组合布局等。

6.1　Widget 的概述

Widget 是用户界面的基础。在"Flutter 的一切皆是 Widget"这个设计理念中，大到网格布局、线性布局，小到设置对齐方式和内边距，都是由一个个 Widget 实现的。例如，下面的例子用于显示一个文本框：

```
import 'package:flutter/material.dart';

void main() {
  runApp(MyApp());
}

class MyApp extends StatelessWidget {
  @override
  Widget build(BuildContext context) {
    return MaterialApp(
      home: Text('Hello world'),
    );
  }
}
```

运行上述代码，得到的效果如图 6-1 所示。

图 6-1　文本框

在上面的例子中，MaterialApp 是用来提供主题或者皮肤的 Widget，它决定了 App 整体的默认样式；Text 是用来展示文本的 Widget。

下面我们来详细介绍一下 Text 组件。

6.1.1　文本展示：Text 组件

Text 组件是 Flutter 中最常用的文本组件，既能展示具有单一样式的文本，也能展示具有多种样式的富文本。其内部由 RichText 组件实现，并在此组件的基础上添加了样式继承功能。

下面我们从设置文本样式、实现富文本、样式继承三方面来介绍 Text 组件的常见用法。

- **设置文本样式**

Text 组件为了控制所展示文本的样式，提供了如下属性。

❑ data：用来显示文本。

- textAlign：用来设置文本的对齐方式，支持左对齐、居中对齐、右对齐。
- softWrap：用来设置是否折行。该值若为 true，则文本展示为多行，否则展示为单行。通常，用该值和 overflow 值一起实现单行文本的展示。
- overflow：用来设置超出文本的处理办法。支持截断、显示省略号等方式。
- textSpan：配合 Text.rich 方法，用来显示富文本。
- style：用来设置文本样式。

其中 style 属性是一个 TextStyle 对象。TextStyle 对象可以控制字符的样式，常用的样式属性有如下这些。

- color：设置文本的颜色。
- decoration：使文本具有下划线、删除线等。还可以使用 decorationColor 属性设置线条的颜色，使用 decorationStyle 属性设置线条的样式（实线、虚线等）。
- fontFamily：设置字体，特殊字体一般需要在 pubspec.yaml 文件中预先配置好才能使用。
- fontSize：设置字号。
- fontStyle：设置字体样式，如斜体。
- fontWeight：设置字重，如加粗。
- height：设置字体高度，字体的实际高度等于 fontSize 值乘以 height 值。
- letterSpacing：设置字符间距。
- inherit：设置是否使用样式继承。如果该值设置为 true，那么未设置值的属性就会从节点树中继承样式值。

例如，构建一个具有丰富文本样式的单行文本：

```
import 'package:flutter/material.dart';

void main() {
  runApp(MyApp());
}

class MyApp extends StatelessWidget {
  @override
  Widget build(BuildContext context) {
    return MaterialApp(
      home: Scaffold(
        appBar: AppBar(),
        body: Text(
          '在 Flutter 中，几乎所有的东西都是 Widget，我们可以把它看作可视组件。',
          textAlign: TextAlign.left, // 左对齐
          overflow: TextOverflow.ellipsis, // 超出文本显示为省略号
          strutStyle: StrutStyle(leading: 2, fontSize: 20), // 设置行间距
          softWrap: false, // 单行显示
```

```
        style: TextStyle(
          background: Paint()..color = Colors.grey, // 设置背景色
          color: Colors.black, // 设置字体颜色
          decoration: TextDecoration.combine([TextDecoration.underline,
            TextDecoration.overline]), // 设置下划线和上划线
          fontSize: 20, // 设置字号
          fontStyle: FontStyle.italic, // 使用斜体
          fontWeight: FontWeight.bold, // 加粗
        ),
      )
    )
  );
  }
}
```

在这个例子中，我们使用上面刚介绍的属性，定制了文本的显示样式。运行上述代码，得到的效果如图 6-2 所示。

图 6-2   运行结果

可以看出，结果中我们的文本被加粗了，字体变为了斜体，有了上划线和下划线，超出文本变成了省略号。

- **实现富文本**

富文本一般指的是图文并茂的展示形式。在富文本中，可以是图片和文本混排，也可以是文本环绕着图片。但是由于 Flutter 尚不支持图文并茂，因此本节的富文本仅指多种样式的文本混排。

`Text.rich` 方法和 `TextSpan` 属性相配合，可以构建富文本。Text 组件相当于一个段落，而每个 `TextSpan` 都是一个需要独立设置样式的文字片段，该对象主要具有如下属性。

- ❏ `children`：设置孩子节点，用来嵌套多个文字片段。
- ❏ `style`：和 Text 组件的 `style` 属性设置方式相同。
- ❏ `text`：设置显示的文字。

下面的例子构建了一段具有三种不同样式的文本：

```
import 'package:flutter/material.dart';

void main() {
  runApp(MyApp());
}
```

```
class MyApp extends StatelessWidget {
  @override
  Widget build(BuildContext context) {
    return MaterialApp(
      home: Scaffold(
        appBar: AppBar(),
        body: Text.rich(
          TextSpan(
            text: '你好, ',
            style: TextStyle(fontSize: 30),
            children: [
              TextSpan(text: '我的 ', style: TextStyle(fontStyle: FontStyle.italic)),
              TextSpan(text: '世界', style: TextStyle(fontWeight: FontWeight.bold)),
            ],
          ),
        )
      )
    );
  }
}
```

在这段代码中, 我们将 "你好," 三个字符设置为正常的本文, "我的" 两个字设置为斜体, "世界" 两个字设置为粗体, 这样就构建了一个具有三种样式的富文本。运行代码, 效果如图 6-3 所示。

你好，*我的* **世界**

图 6-3   三种不同样式的文本

● **样式继承**

样式继承是指当前的 Text 组件可以不指定某些样式值, 而使用由节点树中的信息确定出来的默认值。Text 组件的样式继承有两个来源: 一个是节点树中最近的祖先节点 DefaultTextStyle 属性, 一个是父亲节点 TextSpan 属性。

我们只需要设置 TextStyle 对象的 inherit 属性, 即可使 Text 组件具有样式继承能力。下面的例子展示了 Text 组件的样式继承特性:

```
import 'package:flutter/material.dart';

void main() {
  runApp(MyApp());
}

class MyApp extends StatelessWidget {
```

```
@override
Widget build(BuildContext context) {
  return MaterialApp(
    home: Scaffold(
      appBar: AppBar(),
      body: DefaultTextStyle(
        style: TextStyle(fontSize: 30, fontStyle: FontStyle.italic, color:
          Colors.black),
        child: Text.rich(
          TextSpan(
            text: '你好，', // 斜体字体，继承自 DefaultTextStyle
            children: [
              TextSpan(text: '我的 ', style: TextStyle(fontStyle:
                FontStyle.normal)), // 非斜体字体
              TextSpan(
                text: '世界', // 斜体字体
                style: TextStyle(fontWeight: FontWeight.bold),
                children: [
                  TextSpan(text: '!') // 斜体字体，继承自 TextSpan
                ]
              ),
            ],
          ),
        ),
      )
    )
  );
}
}
```

在这段代码中，我们使用了 Text 组件的样式继承特性。其中，“你好，”的样式继承自 DefaultTextStyle，所以是斜体字；“我的”两个字的样式继承自“你好”两个字的样式，并取消了斜体，所以是正常字体；“世界”两个字继承自“你好”两个字，但是没有修改样式，所以还是斜体字；句末的“!”的样式继承自“世界”两个字，所以是斜体字。

运行上述代码，得到的效果如图 6-4 所示。

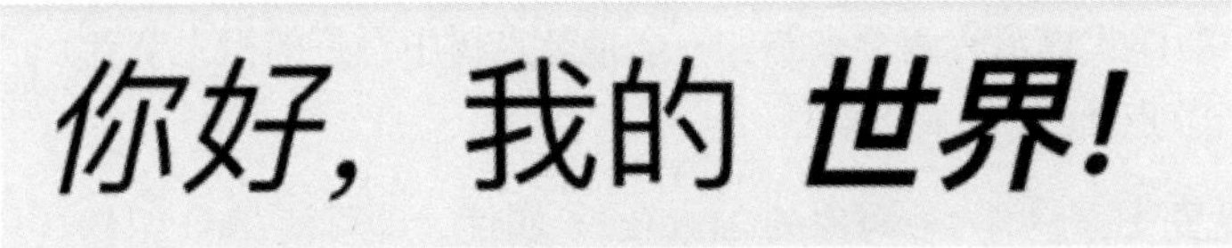

你好，我的 世界!

图 6-4　样式继承代码的运行效果

提示

　　Text 组件还具有一些 Flutter 官方尚未支持的特性，如果你想了解 Flutter 未来准备支持哪些文本特性，可以访问 https://github.com/flutter/flutter/issues/224。

6.1.2　文本输入：TextField 组件

TextFiled 组件是 Material Widget 库提供的一个常用的输入框组件，用来输入文本内容，支持设置提示文本、控制光标等功能。它主要有如下属性。

- ❑ controller：输入框的控制器，通过它可以设置或者获取输入框的内容、控制光标，监听输入内容的改变。
- ❑ decoration：用来控制输入框的样式，比如提示文本、背景色等。
- ❑ inputFormatters：输入验证，比如验证手机号是否合法。
- ❑ obscureText：用来设置密码输入框，在做输入操作时隐藏输入的内容。
- ❑ style：用来设置所展示文本的样式，和 Text 组件的 style 属性类似。
- ❑ textAlign：用来设置文本的对齐方式。

例如，构建一个简单的注册页面：

```
import 'package:flutter/material.dart';

void main() {
  runApp(MyApp());
}

class MyApp extends StatelessWidget {
  @override
  Widget build(BuildContext context) {
    return MaterialApp(
      home: Scaffold(
        appBar: AppBar(),
        body: Column(
          children: <Widget>[
            TextField(
              decoration: InputDecoration(
                labelText: "用户名",
                hintText: "请输入您的用户名",
                prefixIcon: Icon(Icons.person)
              ),
            ),
            TextField(
              decoration: InputDecoration(
                labelText: "密码",
                hintText: "请输入您的密码",
                prefixIcon: Icon(Icons.lock)
              ),
              obscureText: true, // 隐藏输入内容
            ),
            TextField(
              decoration: InputDecoration(
                labelText: "手机号",
                hintText: "请输入您的手机号",
```

```
              prefixIcon: Icon(Icons.phone)
            ),
            keyboardType: TextInputType.phone, // 键盘输入类型为电话号码
            // 输入类型验证：必须是以 1 开头的数字
            inputFormatters: [WhitelistingTextInputFormatter(RegExp(r'^1\d+$'))],
          ),
        ],
      )
    )
  );
  }
}
```

这段代码通过放置"用户名""密码""手机号"三个输入框，构建了一个简单的注册页面。每个输入框都有提示文本，并且密码输入框还会隐藏用户输入的内容。上述代码的运行效果如图 6-5 所示。

图 6-5　注册界面

6.1.3　图片展示：Image 组件

通过前面的学习，我们可以使用 Text 组件和 TextFiled 组件对文本进行操作了。接下来我们

要展示一些图片，而 Image 组件就是帮助我们实现这件事情的。Image 组件不仅可以加载本地图片，还可以加载网络图片。接下来，就一块看下 Image 组件的用法吧。

1. 加载本地图片

首先，在工程根目录下创建一个 images 文件夹，用于存放本地图片。接下来，找到 pubspec.yaml 文件，并找到其中的 assets 属性，然后添加如下代码：

```
assets:
  # Example: - images/flutter.png
  - images/'要加载的图片名称'.'png || jpg...'
```

接下来，就可以添加展示图片的代码了：

```
import 'package:flutter/material.dart';

void main() {
  runApp(MyApp());
}

class MyApp extends StatelessWidget {
  @override
  Widget build(BuildContext context) {
    return MaterialApp(
      home: Scaffold(
        appBar: AppBar(),
        body: Image(image: AssetImage("images/flutter.png"))
      )
    );
  }
}
```

这样就成功加载出本地图片了。

2. 加载网络图片

在真实的开发中，图片不止有本地图片，还会包含网络图片。加载网络图片的方法与加载本地图片类似，只需将 AssetImage 替换成 NetworkImage 即可：

```
Image(image: NetworkImage("image URL"))
```

提示

如果你查看 Flutter API，就会发现 Image 组件提供了两个更加便利的图片加载方法：

```
Image.asset('path'); // 加载本地图片
```

和

```
Image.network('URL'); // 加载网络图片
```

现在我们可以通过简单的 API 来展示图片了，但是还需要对 Image 组件有更进一步的了解。和前两个组件一样，接下来了解一下 Image 组件的一些常用属性。

- ❏ width 和 height：通过上面方式展示的图片，大小还是原始图片的大小，如果想展示定宽或者定高的图片，可以指定 Image 组件的 width 或 height 属性。

> **注意**
>
> 当同时设置 width 和 height 属性的值后，Image 默认会选取两者中的最小值，然后等比缩放，以满足最小值的约束。

- ❏ fit：如果需求本身就是让 Image 组件按指定的宽或高来显示图片，那么可以设置 fit 属性。示例如下：

```
Image.asset('path', width: value, height: value, fit: value)
```

下面简要介绍一下 fit 属性的取值。

- contain：这是 fit 属性的默认值，表示在满足图片的宽高比的前提下，让图片的显示范围不超过 width 和 height 属性设置的值。
- fill：如果想让图片内容充满整个 Image 组件，可以使用 fill，即 fit: BoxFit.fill。这存在一个问题，当指定的宽高比与图片资源的宽高比不同时，会造成图片拉伸。
- cover：如果觉得拉伸后的图片太不美观，那么可以不要拉伸，在保持图片宽高比的情况下适当做裁切，此时需要用到 cover 属性（即 fit: BoxFit.cover）。正如前面所述，该属性会等比例地填充图片，使其宽高达到指定的宽高值，同时裁切超出指定区域的内容。
- fitHeight 和 fitWidth：这两个属性比较相似。前者指将图片的高度等比例缩放至指定高度，此时如果图片宽度大于指定的宽度值，就会把图片裁窄。后者的作用与其类似。

- ❏ repeat：上面介绍的 fit 是通过缩放图片来填充多余区域的，其实还可以通过指定图片的"重复"来填充多余区域。如果高度多余，可以使用 repeatY；如果宽度多余，可以使用 repeatX。具体的设置代码如下：

```
Image.asset('path', width: value, height: value, repeat: repeatY)
```

6.1.4   处理点击：Button 组件

Flutter 提供了几个按钮组件，常用的有 RaisedButton、FlatButton、IconButton 和 OutlineButton。

❑ **RaisedButton**：带有阴影和灰色的背景，按下之后，阴影会变大。例如：

```
RaisedButton(
    child: Text('正常状态'),
    onPressed: () {},
)
```

其运行效果如图 6-6 所示。

图 6-6　按下 RaisedButton 的效果

❑ **FlatButton**：这是扁平按钮，默认没有背景色，按下之后会出现背景色。例如：

```
FlatButton(
    child: Text('正常状态'),
    onPressed: () {},
)
```

其运行效果如图 6-7 所示。

图 6-7　按下 FlatButton 的效果

❑ **IconButton**：这是图标按钮，默认没有背景色，按下之后会出现背景色。例如：

```
IconButton(
    icon: Icon(Icons.add),
    onPressed: () {},
)
```

其效果如图 6-8 所示。

图 6-8　按下 IconButton 的效果

❑ **OutlineButton**：默认带边框、没有背景色，按下之后边框会变色，并且出现背景色。
例如：

```
OutlineButton(
  child: Text('正常状态'),
  onPressed: () {},
)
```

其运行效果如图 6-9 所示。

图 6-9　按下 OutlineButton 的效果

6.2　利用 Widget 实现布局

本节主要介绍一些常用的布局，有弹性盒子布局、流式布局和层叠布局。

6.2.1　布局容器：Container

Flutter 的每个小功能都由一个对应的 Widget 来实现，这导致 Flutter 中存在非常多的 Widget，大大增加了初学者的学习难度。为此，Flutter 提供了 Container 组件。

Container 是由好几个 Widget 组合而成的，具有设置对齐、宽、高、背景、前景、边框、内边距、外边距、形变等功能，这些功能都是由下面这些属性实现的。

❑ color：设置容器的背景色。

❑ width：设置容器的宽。

❑ height：设置容器的高。

❑ alignment：设置子 Widget 的对齐方式，比如居中、居左上等。

❑ decoration：设置背景装饰，比如阴影、背景图等。

❑ foregroundDecoration：设置前景装饰，比如前景色等。

❑ margin：设置容器的外边距。

❑ padding：设置容器的内边距。

❑ transform：设置形变，比如旋转、拉长等。

❑ child：设置容器包裹的子 Widget。

例如，构建一个旋转 30° 的圆角矩形框：

```
import 'dart:math' as math;
import 'package:flutter/material.dart';

void main() {
  runApp(MyApp());
}

class MyApp extends StatelessWidget {
  @override
  Widget build(BuildContext context) {
    return MaterialApp(
      home: Scaffold(
        appBar: AppBar(),
        body: Container(
          height: 50, // 设置矩形框的高
          width: 100, // 设置矩形框的宽
          alignment: Alignment.center, // 设置子 Widget 居中
          decoration: BoxDecoration(
            color: Colors.grey, // 设置背景色为灰色
            borderRadius: BorderRadius.all(Radius.circular(10.0)), // 设置圆角
            border: Border.all(color: Colors.black, width: 2.0), // 设置边框
          ),
          margin: EdgeInsets.fromLTRB(200, 50, 0, 0), // 设置外边距
          transform: Matrix4.rotationZ(30 * math.pi / 180), // 设置旋转 30°
          child: Text('Hello')
        )
      )
    );
  }
}
```

在这段代码中，我们使用 Container 组件构建了一个高为 50、宽为 100 的灰色文本框，该文本框有 2 个单位宽的边框，且 4 个角都是圆角。

运行上述代码，得到的效果如图 6-10 所示。

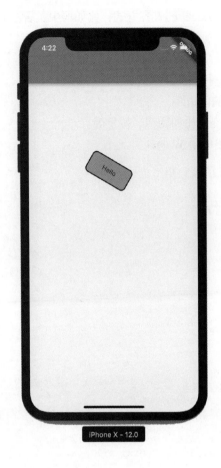

图 6-10   构建圆角矩形框的运行效果

6.2.2   弹性盒子布局：Flex、Row、Column 和 Expanded

本节我们一起了解一下 Web 开发中常用的弹性盒子布局，即 Flexbox 布局，这是一种会根据父容器的变化自动调整自己宽高的布局方式。

1. Flex 的基本概念

要了解弹性盒子布局，首先要了解 Flex 的两个预备知识：主轴和交叉轴。

❑ 主轴：会按照主轴的方向依次排列子元素，填充父容器。

在图 6-11 中，主轴方向就是水平方向，因此父容器中的各子元素是水平依次排列的。当然，也可以将主轴的方向设置成垂直方向。

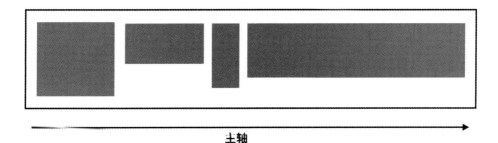

图 6-11　主轴示意图

❑ **交叉轴**：与主轴相对的就是交叉轴，它描述的是与主轴垂直方向上布局的排列方式。

2. Flex 的用法及重要属性介绍

首先，我们构建一个水平方向的布局，代码如下：

```
Scaffold(
  ...
  body: Flex(
    direction: Axis.horizontal,
    children: <Widget>[
      Container(
        width: 30,
        height: 50,
        color: Colors.red,
      ),
      Container(
        width: 30,
        height: 50,
        color: Colors.green,
      ),
      Container(
        width: 30,
        height: 50,
        color: Colors.grey,
      ),
    ],
  ),
);
```

这里我们通过 `direction` 构建了一个主轴方向为水平的 Flex 容器。运行这段代码后，你会发现构建的三个子元素紧挨着排列在 Flex 容器的左上角。

接下来，我们看看 Flex 的几个重要属性。

❑ `mainAxisAlignment`：这个属性描述的是主轴方向上的布局对齐方式，它有下面几个可选值。

■ start：这是默认值，指元素从主轴开始的地方依次布局。以主轴为水平方向为例，从左到右依次布局子元素（你可以理解为左对齐）的效果如图 6-12 所示。

图 6-12　取 start 的效果图

■ end：指最后一个子元素排在主轴的最后。还是以主轴为水平方向为例，从左到右依次布局子元素（你可以理解为右对齐）的效果如图 6-13 所示。

图 6-13　取 end 的效果图

■ center：所有子元素按照主轴方向依次排列，并居中显示在父容器中。延续之前的做法，效果如图 6-14 所示。

图 6-14　取 center 的效果图

■ spaceAround：每个子元素之间的间隔相等，第一个子元素和最后一个子元素距离父容器的边距为孩子之间间隔的一半，如图 6-15 所示。

图 6-15　取 spaceAround 的效果图

■ spaceBetween：子元素两端对齐，第一个子元素和最后一个子元素分别位于容器中主轴的起始处和终止处，同时各子元素之间的间隔相等，效果如图 6-16 所示。

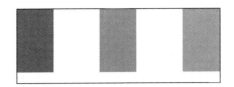

图 6-16　取 spaceBetween 的效果图

- spaceEvenly：各个子元素之间的间隔相等，同时第一个子元素和最后一个子元素距离父容器的边距也为各子元素之间的间隔，效果如图 6-17 所示。

图 6-17　取 spaceEvenly 的效果图

基于本小节开头的代码，添加 mainAxisAlignment 属性：

```
Flex(
  direction: Axis.horizontal,
  mainAxisAlignment: MainAxisAlignment.start, // start、end、center...
  children: <Widget>[
    ...
  ],
)
```

❑ mainAxisSize：决定 Flex 容器在主轴方向上占据多少空间，其可选值如下。

- max：默认值，表示不管子 Widget 占据多大的空间，Flex 容器始终填充满主轴方向上的空间。
- min：与 max 相对，Flex 容器尽可能占据少的主轴空间。如果子 Widget 没有填充满主轴空间，那么 Flex 容器在主轴上占据的空间就是子 Widget 在主轴方向上的空间。

基于之前的代码，添加 mainAxisSize 属性：

```
Flex(
  direction: Axis.horizontal,
  mainAxisAlignment: MainAxisAlignment.start,          // start、end、center...
  mainAxisSize: MainAxisSize.min,
  children: <Widget>[
    ...
  ],
),
```

运行这段代码，得到的效果如图 6-18 所示。

图 6-18　添加 mainAxisSize 属性后的运行效果

这里我们将 mainAxisAlignment 设置成了 min，效果图中的 3 个子元素在一起聚集着，Flex 容器所占的空间就是这 3 个子元素所占的空间。

说明

在上面的例子中，如果我们将 mainAxisAlignment 修改为其他值，会发现最终的效果都和设置为 start 一样，这说明当 mainAxisSize 为 min 时，mainAxisAlignment 设置的值无效，原因是整个父 Flex 容器并没有空余的空间。

❑ crossAxisAlignment：设置子元素在交叉轴方向上的对齐方式，它的取值与 mainAxis-Alignment 的取值类似，不过也略有不同，具体如下。

■ center：这是默认值，指各子元素在交叉轴方向上居中对齐。

■ end：子元素布局在 Flex 容器交叉轴方向的尾部，比如交叉轴为垂直方向，那么 end 表示各子元素底部对齐，效果如图 6-19 所示。

图 6-19　子元素底部对齐

■ start：子元素布局在 Flex 容器交叉轴方向的头部，比如交叉轴为垂直方向，那么 start 表示各子元素顶部对齐，效果如图 6-20 所示。

图 6-20　子元素顶部对齐

■ stretch：子元素填充满交叉轴方向的空间。如果该属性设置了值，你会发现 Flex 容器中的所有子元素都会在竖直方向上布满整个屏幕，效果如图 6-21 所示。

图 6-21　3 个子元素在竖直方向上布满整个屏幕

依然基于上面的代码，添加 crossAxisAlignment 属性：

```
Flex(
  direction: Axis.horizontal,
  mainAxisAlignment: MainAxisAlignment.start,        // start、end、center...
  crossAxisAlignment: CrossAxisAlignment.start,      // start、end、center、stretch
  children: <Widget>[
    ...
  ],
),
```

❑ verticalDirection：这个属性是与 crossAxisAlignment 一起使用的，描述了交叉轴布局的对齐方向，如交叉轴依旧为垂直方向，verticalDirection 的默认值是 down，表示默认对齐的方向是从上到下，这也解释了上面在介绍 crossAxisAlignment 的取值为 start 时，为什么 3 个子元素会布局在顶部。如果我们将 verticalDirection 的值改为 up，那么 crossAxisAlignment 取 start 时的展示效果如图 6-22 所示。

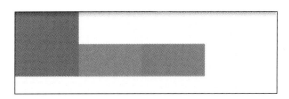

图 6-22　verticalDirection 取 up 时的顶部对齐效果

在之前的代码中设置 verticalDirection 属性的代码如下：

```
Flex(
  direction: Axis.horizontal,
  crossAxisAlignment: CrossAxisAlignment.start,      // 主轴依旧是水平方向
  verticalDirection: VerticalDirection.up,           // 交叉轴对齐方式是顶部对齐
  children: <Widget>[                                 // 把交叉轴的方向改成从下到上
    ...
  ],
)
```

下面总结一下 verticalDirection 的值与交叉轴方向的对应关系，见表 6-1。

表 6-1   `verticalDirection` 的值与交叉轴方向的对应关系

交叉轴方向	verticalDirection 的值	
	down	up
垂直	从上到下	从下到上
水平	从左到右	从右到左

3. Row 和 Column

接下来，我们一起看一下 Row 和 Column 的用法。Row 和 Column 均继承自 Flex，所以 Flex 中的属性规则同样适用于 Row 和 Column。Row 和 Column 只是预先指定好了主轴的方向。

Row 表示在水平方向上布局子元素，即主轴是水平方向。Column 表示在垂直方向上布局子元素，即主轴是垂直方向。

由于 Row 和 Column 的属性同 Flex 一致，故这里不再赘述。

4. Expanded

弹性盒子有个重要的能力：子元素能够按照一定的比例缩放，来填充满父容器在主轴方向上剩余的空间。那么在 Flutter 中如何实现这个效果呢，这时要用到 Expanded 组件。通常，Expanded 组件是作为 Flex 组件的子组件使用的，下面我们一块儿看下它的用法。

将本节开始处代码中的 Flex 组件的子组件替换成 Expanded 组件，代码如下：

```
Scaffold(
  appBar: AppBar(.....),
  body: Flex(
    mainAxisAlignment: MainAxisAlignment.center,
    direction: Axis.horizontal,
    children: <Widget>[
      Expanded(
        flex: 1,
        child: Container(
          height: 150,
          color: Colors.red,
        ),
      ),
      Expanded(
        flex: 1,
        child: Container(
          height: 150,
          color: Colors.green,
        ),
      ),
      Expanded(
        flex: 1,
        child: Container(
          height: 150,
          color: Colors.blue,
```

```
        ),
      ),
    ],
  ),
)
```

运行这段代码，得到的效果如图 6-23 所示。

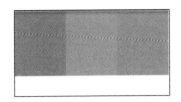

图 6-23　使用 Expanded 组件后的效果

改变上述代码中 3 个 Expanded 组件的 `flex` 属性值，例如依次改为 `1`、`2` 和 `3`，那么得到的效果就是第一个子元素占据 1/6 空间、第二个子元素占据 1/3 空间、第三个子元素占据 1/2 空间。你可以自己改变代码，这里不再赘述。

在上面的代码中，我们指定了 Expanded 子组件 Container 的高度为 150，如果不指定，效果会如何呢？我们来把第一个 Container 组件的 `height` 属性删掉，得到的效果如图 6-24 所示。

图 6-24　第一个 Container 组件不指定高度

从图 6-24 中可以发现，不指定高度的 Container 组件填充满了交叉轴的空间。

6.2.3　流式布局：Wrap 和 Flow

本节我们介绍流式布局。回到上一节讲的弹性盒子布局的例子，其中父容器 Flex 中包含 3 个子元素，如果把其中某一个的宽度变大，将导致一行内放不下 3 个子元素，此时我们期望放不下的子元素能够自动换行，但是真的能够实现自动换行吗？我们来实际操作看看：

```
Flex(
  direction: Axis.horizontal,
  children: <Widget>[
    Container(
      width: 150,
      height: 50,
      color: Colors.red,
    ),
    Container(
      width: 280,
      height: 50,
      color: Colors.green,
    ),
    Container(
      width: 50,
      height: 50,
      color: Colors.grey,
    ),
  ],
),
```

在这个例子中，我们将第一个 Widget 的宽度改成了 150，第二个的宽度改成了 280。此时若以 iPhone XR 手机的宽度为基准，那么第三个 Widget 已经没有空间放置了，我们的是期望是第三个 Widget 会自动放置到下一行，但是事实如此吗？具体参看图 6-25。

图 6-25　修改子元素宽度后的运行结果

很遗憾，Flutter 给我们抛出了错误，错误信息如下（选取重要的描述）：

```
flutter: ━━━┫ EXCEPTION CAUGHT BY RENDERING LIBRARY ┣━━━━

  flutter: The following message was thrown during layout:

  flutter: A RenderFlex overflowed by 36 pixels on the right.

  ...
```

意思是右边超出了 36 个像素，导致布局出现异常。

这是为什么呢？原因是 6.2.2 节讲到的弹性盒子布局模型是**线性**的，当空间不足以放下一个子元素时，父容器（Flex 和 Row 等）并不会自动换行，继续布局接下来的子元素。要解决这个问题，便需要用到本节将讲的布局模型：**流式布局**模型。常见的流式布局有 Wrap 和 Flow。

1. Wrap

Wrap 是一个能够让子元素自动换行的容器，它默认的主轴方向是水平。我们通过代码看下 Wrap 如何使用：

```
...
Wrap(
  direction: Axis.horizontal,
  spacing: 10,
  runAlignment: WrapAlignment.center,
  verticalDirection: VerticalDirection.down,
  runSpacing: 10,
  children: <Widget>[
    Container(
      width: 150,
      height: 150,
      color: Colors.red,
    ),
    Container(
      width: 250,
      height: 50,
      color: Colors.green,
    ),
    Container(
      width: 50,
      height: 50,
      color: Colors.grey,
    ),
    Container(
      width: 200,
      height: 150,
      color: Colors.grey,
    ),
  ],
),
...
```

其中，`alignment`、`crossAxisAlignment`、`verticalDirection` 与 Flex 的同名属性作用相同，这里不再赘述。如果有遗忘，可以返回上一节回顾一下。

下面我们重点介绍一下 `runAlignment` 的作用。

❑ `runAlignment`：表示新一行或者新一列的对齐方式，其有如下取值。

■ `start`：这是默认值。如果我们将主轴方向设置为水平，那么 `start` 所起的作用就是在交叉轴方向上从顶部开始布局子元素，如图 6-26 所示。

图 6-26　子元素在交叉轴方向上从顶部开始布局

■ end：同理，如果我们将主轴方向设置为水平，那么 end 所起的作用就是在交叉轴方向上从底部开始布局子元素，如图 6-27 所示。

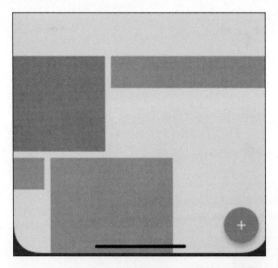

图 6-27　子元素在交叉轴方向上从底部开始布局

■ center：居中对齐。子元素会从交叉轴方向上父容器的中心开始布局。

■ spaceBetween、spaceAround 和 spaceEvenly：与前面 Flex 中同名属性的作用相同。

这里我们总结一下 Wrap（以主轴方向是水平为例），Wrap 中的每一行内容都可以被看作 `runAlignment`，`crossAxisAlignment` 影响的是每一行内容在垂直方向上的对齐方式，`runAlignment` 影响的是整个 Wrap 容器在垂直方向上的对齐方式。

2. Flow

Flow 布局用起来比 Wrap 稍微麻烦一点，但是它允许用户自定义布局规则。这里我们简单使用 Flow 布局实现一个流式布局样式。Flow 布局只有一个属性，即 `delegate`，它是 `FlowDelegate` 类型的数据，默认取值是 `null`，为必填属性，用来描述布局。通常，我们会通过重写 `paintChildren` 方法来布局子元素：

```
Scaffold(
  appBar: AppBar(...),
  body: Container(
    child: Flow(
      delegate: MyFlowDelegate(Size(80, 80)),
      children: <Widget>[
        new Container(
          width: 80.0,
          height: 80.0,
          color: Colors.red,
        ),
        ... // 更多 Container 组件
      ],
    )),
  );

// 自定义 Flow 布局
class MyFlowDelegate extends FlowDelegate {
  // 容器的内间距
  final EdgeInsets containerInsets;
  // item 之间的间距
  final double itemMargin;
  // 每个 item 的宽度
  final Size itemSize;
  // 行与行之间的间隔
  final double runMargin;
  MyFlowDelegate(this.itemSize,
                {this.containerInsets = EdgeInsets.zero,
                this.itemMargin = 0,
                this.runMargin = 0});

  @override
  void paintChildren(FlowPaintingContext context) {
    // 从 Context 中获得屏幕的宽度
    double screenWidth = context.size.width;
    double offsetX = containerInsets.horizontal;
    double offsetY = containerInsets.vertical;
    for (int i = 0; i < context.childCount; i++) {
      // 当前 item 的右边距是否超过屏幕
```

```
    if (offsetX + itemSize.width < screenWidth) {
      context.paintChild(i,
        transform: Matrix4.translationValues(offsetX, offsetY, 0));
      offsetX = offsetX + itemSize.width + containerInsets.horizontal;
    } else {
      // 换行，将 X 的起始位置重设为 insets 设置的值
      offsetX = containerInsets.horizontal;
      // 计算 y 坐标的值
      offsetY = offsetY + itemSize.height + this.runMargin;
      context.paintChild(i,
        transform: Matrix4.translationValues(offsetX, offsetY, 0));
    }
  }
}

@override
bool shouldRepaint(FlowDelegate oldDelegate) {
  return true;
}
}
```

6.2.4 层叠布局：Stack 和 Position

前面我们学习了 Flutter 中最常用的几种布局方式，其实还有一种布局没有学到，而在实际开发中经常会使用它。比如，想在滚动页面（后面会学）添加返回顶部的按钮，你会发现仅使用前面的布局思路很难实现。本节，我们就一块学习下这个效果的布局实现思路。

1. Stack

Stack 与 Web 开发中的绝对定位类似。绝对定位是指脱离 Web 中的文档流，然后通过设置上、下、左、右的值，来设置子组件相对父组件的偏移量。示例代码如下：

```
Scaffold(
  appBar: AppBar(...),
  body: Center(
    child: Stack(
      children: <Widget>[
        Container(
          width: 200,
          height: 100,
          color: Colors.red,
        ),
        Positioned(
          left: 8.0,
          right: 8.0,
          top: 8.0,
          child: Text(
            'Test',
            style: new TextStyle(
              fontSize: 20.0,
```

```
            fontFamily: 'serif',
          ),
        ),
      ),
    ],
  ),
  ),
)
```

运行这段代码，得到的效果如图 6-28 所示。

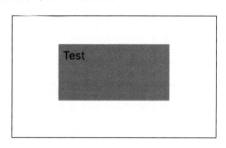

图 6-28　Stack 布局的效果

在上面的例子中，我们将一个 Text 组件放在了 Container 组件的上面，并且 Text 组件中的文字 Test 在 Container 组件左、右、上三个方向上的偏移量均为 8 个单位。

Stack 布局允许子元素层叠，上面的例子就是对 Text 组件和 Container 组件进行了重叠。如果你仔细观察代码，会发现 Stack 中还有个 Positioned 组件，我们在该组件中指定了偏移量，这个 Positioned 组件就是定位组件。在 Stack 中既可以放置定位组件，也可以指定非定位组件，然而定位组件只能放置在 Stack 中。

然后我们改造一下代码：

```
...
body: Center(
  child: Stack(
    alignment: AlignmentDirectional.topEnd,
    fit: StackFit.loose,
    overflow: Overflow.clip,
    children: <Widget>[
      Container(...),              // red Container
      Container(
        width: 100,
        height: 200,
        color: Colors.yellow,
      ),
      Positioned( ... ),          // Text
    ],
  ),
)
...
```

下面简要介绍这段代码的作用。

- ❑ alignment：这个属性决定了 Stack 中的非定位组件如何对齐，其默认值是 topStart，即左上角。这里将其取值设置为了 topEnd，表示右上角，你可以将此值修改为其他值看下效果。
- ❑ fit：表示非定位组件如何适应 Stack 布局的大小，默认值是 StackFit.loose，即使用组件自身的大小。此外，你也可以将其修改为 StackFit.Expand，表示与 Stack 布局等大。
- ❑ overflow：表示超出 Stack 布局的部分是否需要显示。取值有 visible 和 clip，前者表示显示，后者表示不显示。

2. Positioned

对于 Positioned 组件来说，除了指定 left、right、bottom 和 top 外，还可以指定 width 和 height。

> **注意**
>
> 　　Positioned 的 left、right、bottom、top 表示组件与 Stack 容器的距离。如果你在指定 left 和 right 后，又指定了 widget，是会出问题的。因为只要指定前面 3 个属性中的任意 2 个，就可以定位好一个 Positioned 组件。垂直方向同理。

6.3　滚动布局

　　6.2 节介绍的布局无法展示超出一个屏幕的内容，要想实现这一功能，就要用到可以滚动的布局。本节我们看一下 Flutter 都提供了哪些常用的可滚动布局。

6.3.1　单列内容滚动：ListView

　　在 6.2 节，我们已经了解了弹性盒子布局和流式布局，我想你应该可以掌握其中提到的布局模型的用法了。现在，如果想布局 10 行数据，每行的高度大约是 50，你应该能很快想到 Row 布局：创建 10 个子 Widget，每个子 Widget 的高都是 50，它们都被包裹在 Row 布局组件中，这样就可以展示 10 条数据了。如果想展示 20 条、100 条或者无限条呢，显然这个时候（数据量很大）用 Row 布局是不行的，因为当 Row 组件的高度超过屏幕高度时，Flutter 就会报异常了。那么，如何解决这个问题呢？好了，这就是本节要介绍的重点 ListView，这是一种当一屏无法完整显示你的内容时，往下滚动可以继续查看的布局组件。对 ListView 的使用会贯穿本书，在后面的例子中，它也是主要的框架，所以我希望你务必掌握。

1. ListView 的用法及属性介绍

下面的代码演示了如何创建一个 ListView：

```
return Scaffold(
  appBar: AppBar(...),
  body: ListView(
    children: <Widget>[
      Container(
        height: 50,
        child: Row(
          crossAxisAlignment: CrossAxisAlignment.center,
          children: <Widget>[const Text('1')],
        ),
      ),
      Container(
        height: 50,
        child: Row(
          crossAxisAlignment: CrossAxisAlignment.center,
          children: <Widget>[const Text('2')],
        ),
      ),
      .... // 更多内容
    ],
  )
);
```

可以发现，创建一个 ListView 还是非常简单的：直接将数据放入 `children` 数组中即可。但是这样一条一条地塞数据似乎不是特别灵活，这种方案只适用于 Widget 不是特别多的情况。还有一个问题，是 `children` 列表中的子 Widget 都是创建好的，并不是等到真正显示的时候再去创建。

接下来，先解决上面提出的第一个问题，即如何在数据量变大时构建 ListView。观察 ListView 的实现文件，能够发现除了默认的构造函数外，ListView 还提供了 `ListView.build` 和 `ListView.separated`。

❑ `ListView.build` 构造函数

下面的代码就是用 `ListView.build` 构造函数创建一个 ListView：

```
return Scaffold(
  appBar: AppBar(...),
  body: ListView.builder(
    itemCount: 50,
    itemExtent: 50,
    itemBuilder: (BuildContext context, int index) {
      return Container(
        height: 50,
        child: Row(
          crossAxisAlignment: CrossAxisAlignment.center,
```

```
        children: <Widget>[Text('Index: ${index + 1}')],
      ),
    );
  })
);
```

接下来，我们一块了解一下这个构造函数。

■ itemBuilder：这是 ListView 定义的一个回调函数，类型为 IndexedWidgetBuilder。
调用该函数，可以获取需要构建的 Widget。该函数的定义如下：

```
typedef IndexedWidgetBuilder = Widget Function(BuildContext context, int index);
```

由上面的函数定义可以看到：itemBuilder 函数的第一个参数是构建上下文 context
（构建上下文在 8.3.1 节中介绍）；第二个参数是 index，表示当前要构建第几个 Widget。
函数返回值是当前位置需要展示的 Widget。

■ itemCount：表示 ListView 需要展示多少条数据。

运行上述代码，得到的效果如图 6-29 所示。

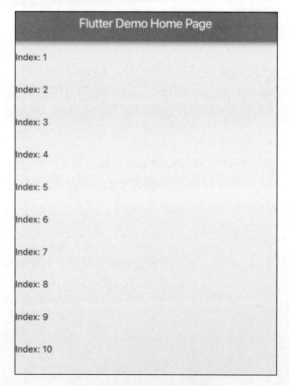

图 6-29　基本 ListView 的展示

❑ `ListView.separated` 构造函数

从图 6-29 中，我们可以发现在使用 `ListView.build` 函数构建的 ListView 里，各条目之间没有分隔线。当然，可以在子 Widget 中添加底部 border 来达到有分隔线的效果，可 ListView 本身提供的 `ListView.separated` 构造函数就是允许用户在构建子 Widget 的同时构建分隔线的。那么，该如何使用这个构造函数呢？接下来试一下：

```
return Scaffold(
  appBar: AppBar(....),
  body: ListView.separated(
    itemCount: 50,
    separatorBuilder: (BuildContext context, int index) {
      return Divider();
    },
    itemBuilder: (BuildContext context, int index) {
      return Container(
        height: 50,
        child: Row(
          crossAxisAlignment: CrossAxisAlignment.center,
          children: <Widget>[Text('Index: ${index + 1}')],
        ),
      );
    })
);)
```

下面概要介绍一下上述代码。

- `ListView.separated` 函数提供了一个 `separatorBuilder` 属性，该属性也接收一个函数。通过 `ListView.separated` 函数的实现，我们发现 `separatorBuilder` 属性的类型与 `itemBuilder` 属性的定义是相同的，通过接收构建上下文 `context` 和 `index` 来构建相应的分隔线。
- `itemExtent` 属性不能通过该构造函数设置，因为该属性描述的是每个条目的区间段。当我们通过 `ListView.separated` 函数构建 ListView 时，每个的范围区间其实是不好确定的。

2. `ScrollController`

现在我们再来看一下 `ScrollController` 属性，它可以让你更方便地监听 ListView 的滚动事件。那么，它如何使用呢？先准备一段代码：

```
class _MyHomePageState extends State<MyHomePage> {
  final _scrollController = ScrollController();
  List<int> items = List.generate(25, (i) => i);

  @override
  void initState() {
    super.initState();
```

```
  // 为 ScrollController 添加监听回调函数
  _scrollController.addListener(() {
    print("监听到 ListView 的滚动");
  });
}

@override
void dispose() {
  // 将 Controller 移除
  _scrollController.dispose();
  super.dispose();
}

@override
Widget build(BuildContext context) {
  return Scaffold(
    appBar: AppBar(
      title: Text("ScrollController Test"),
    ),
    body: ListView.separated(
      itemCount: items.length,
      controller: _scrollController,
      separatorBuilder: (BuildContext context, int index) {
        return Divider();
      },
      itemBuilder: (BuildContext context, int index) {
        return Container(
          height: 50,
          child: Row(
            crossAxisAlignment: CrossAxisAlignment.center,
            children: <Widget>[Text('Index: ${index + 1}')],
          ),
        );
      })
  );
}
}
```

创建一个新的 Flutter 工程，将 `MyHomePageState` 类中的代码修改成上面的内容，然后运行程序，便会展示一个 ListView，这时滚动 ListView，并查看控制台的输出，能看到以下内容：

```
flutter: 监听到 ListView 的滚动
flutter: 监听到 ListView 的滚动
flutter: 监听到 ListView 的滚动
flutter: 监听到 ListView 的滚动
...
```

由此可见，我们已经实现了监听 ListView 的滚动事件的功能。

接下来还要实现上拉 ListView 加载数据的功能，这一功能的关键点是当用户向上滚动到 ListView 的尽头时，要动态地往 ListView 中添加数据，这样 ListView 中元素的数量就会变多。现在我们已经成功监听到 ListView 的滚动了，那么如何确定它滚动到尽头了呢？同样还是使用

ScrollController，它具有的 position 属性不仅能够获取当前 ListView 的滚动位置
（pixel），还能够获得最大的滚动范围（maxScrollExtent）。于是，判断 ListView 是否滚动到
尽头，可以使用如下方式：

```
_scrollController.position.pixels >= _scrollController.position.maxScrollExtent
  _scrollController.addListener(() {
  if (_scrollController.position.pixels ==
    _scrollController.position.maxScrollExtent) {
    _getMoreData();                // 加载数据
  }
});
// 获取数据
Future _getMoreData() async {
  List<int> newData = await _requestData();
  // 更新数据源，触发 ListView 刷新
  setState(() {
    items.addAll(newData);
  });
}


// 模拟网络请求，2s 后返回数据
Future<List<int>> _requestData() {
  return Future.delayed(Duration(seconds: 2), () {
    return [1, 2, 3, 4, 5, 6, 7, 8, 9, 10];
  });
}
```

此时，当用户滑动到 ListView 的尽头时，继续上拉就会触发刷新动作。

6.3.2　展示多列内容：GridView

了解了 ListView，本节的 GridView 就很容易理解了，因为它们俩有绝大多数的参数是相同
的，这些参数的含义也基本相同。

那么，什么是 GridView 呢？使用 ListView，我们只能构建从上到下或者从左到右的表格。
如果想构建一个具有多行、多列的表格，使用 ListView 就显得稍微有些麻烦了，然而这对于
GridView 来说是非常容易的，因为它就是用来构建二维表格的。

那么，如何创建一个 GridView 呢？代码如下：

```
return Scaffold(
  appBar: AppBar(...),
  body: GridView(
    gridDelegate: .....
    children: <Widget>[
      Container(
        width: 50,
        height: 50,
        color: Colors.red,
```

```
     ),
     ... // 更多 Container
   ],
  ),
);
```

可以看出，GridView 的初始化方法跟 ListView 基本相同，有一个不一样的地方：GridView 的创建需要**一个 delegate**。接下来，我们一块看看这个 delegate，即属性 `gridDelegate`。

`gridDelegate` 属性接收的是一个遵循 SliverGridDelegate 协议的对象。要构建这个协议的对象，必须提供两个方法的实现：`getLayout` 和 `shouldRelayout`。

❑ `getLayout`：用于排列子 Widget。

❑ `shouldRelayout`：是否需要重新布局子 Widget。当提供了一个新的布局对象时，会调用该方法，如果返回 `true` 则表示需要更新布局，接着会调用 `getLayout` 方法布局子 Widget。

Flutter SDK 默认为我们提供了两个 SliverGridDelegate 的子类：SliverGridDelegate-WithFixedCrossAxisCount 和 SliverGridDelegateWithMaxCrossAxisExtent。

下面就看一下这两个子类该怎么使用吧。

1. SliverGridDelegateWithFixedCrossAxisCount

还是使用上面的例子，这里将 `gridDelegate` 的值设置为 SliverGridDelegateWith-FixedCrossAxisCount：

```
return Scaffold(
    appBar: AppBar(...),
    body: GridView(
      gridDelegate:
      SliverGridDelegateWithFixedCrossAxisCount(crossAxisCount: 3),
      children: <Widget>[
        Container(
          width: 50,
          height: 50,
          color: Colors.red,
        ),
        ...          // 更多 Container
      ],
    );
```

运行这段代码，得到的效果如图 6-30 所示。

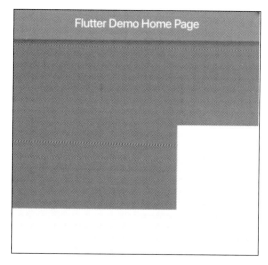

图 6-30 GirdView 运行效果的展示

可以看到，所有子 Widget 在一起连着。接下来添加一些间隔。

首先给水平方向上的各条目添加的间隔，此时会用到 crossAxisSpacing 属性，具体实现方式如下：

```
...
gridDelegate: SliverGridDelegateWithFixedCrossAxisCount(crossAxisCount: 3,
  crossAxisSpacing: 8),
...
```

这段代码的运行效果如图 6-31 所示。

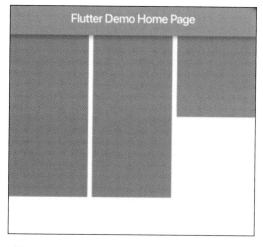

图 6-31 GridView 添加水平方向上间隔的效果

很容易发现，每个条目之间在垂直方向上还是紧密相连的，因此接下来添加垂直方向上的间隔。

添加垂直方向上的间隔时，会用到 `mainAxisSpacing` 属性，具体如下：

```
...
gridDelegate: SliverGridDelegateWithFixedCrossAxisCount(crossAxisCount: 3,
  crossAxisSpacing: 8, mainAxisSpacing: 8, )
....
```

这时，所有条目就彻底分开了，如图 6-32 所示。

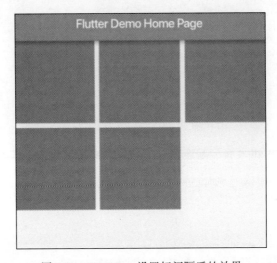

图 6-32　GridView 设置好间隔后的效果

不知道你有没有发现，我们在 Container 组件中设置的宽高好像没生效。尝试把宽高改得再大或者再小些，并运行一下看看效果。发现结果还是一样的，Container 组件中设置的宽高并没有生效。这是为什么呢？是因为 GridView 中子 Widget 的大小被 `childAspectRatio` 属性约束住了。

`childAspectRatio` 属性描述的是子 Widget 的宽高比，这个比值默认是 `1`。添加该属性，并把其值改为 `0.5`：

```
...
gridDelegate: SliverGridDelegateWithFixedCrossAxisCount(crossAxisCount: 3,
  crossAxisSpacing: 8, mainAxisSpacing: 8, childAspectRatio: 0.5)
....
```

运行后得到的效果如图 6-33 所示。

图 6-33 修改宽高比后的运行效果

由此可见，GridView 中子 Widget 的宽高是由 SliverGridDelegateWithFixedCross-AxisCount 对象的 3 个属性共同决定的。其内部实现的计算子 Widget 宽度的算法规则为：

(GridView 的宽度 - crossAxisSpacing×(crossAxisCount - 1))/crossAxisCount。

算出了宽度，再结合 childAspectRatio 的值，即可计算出高度。下面我用一张表总结出了 GridView 构建布局时，排布子 Widget 所需要的信息，见表 6-2。

表 6-2 布局子 Widget 时所需的信息

属　　　性	类　　型	默　认　值	描　　　述
crossAxisCount	double	0	GridView 的每行有多少个 Widget
crossAxisSpacing	double	0	GridView 的每行中，各子 Widget 之间的间隔是多少
mainAxisSpacing	double	0	GridView 的行与行之间的间隔是多少
childAspectRatio	double	1.0	GridView 中子 Widget 的宽高比

2. SliverGridDelegateWithMaxCrossAxisExtent

这个类的实现与 SliverGridDelegateWithFixedCrossAxisCount 极为相似，不同之处

在于后者中子 Widget 的宽度是根据指定的间隔动态算出来的，而前者中子 Widget 的宽度是指定的。示例代码如下：

```
...
gridDelegate: SliverGridDelegateWithMaxCrossAxisExtent(
  maxCrossAxisExtent: 100, // 每个 Item 的宽度为 100
  mainAxisSpacing: 8,
  crossAxisSpacing: 8,
  childAspectRatio: 2.0
),
...
```

其中，maxCrossAxisExtent 属性是 double 类型的，默认值是 0，表示每个条目的宽度。

其他属性的含义均与 SliverGridDelegateWithFixedCrossAxisCount 中的同名属性相同。

> **说明**
>
> 　　GridView 中有两个便利构造函数：GridView.count 和 GridView.extent。它们的 gridDelegate 属性分别是 SliverGridDelegateWithFixedCrossAxisCount 和 SliverGridDelegateWithMaxCrossAxisExtent。

与 ListView 类似，GridView 也有 GridView.builder 构造函数。

3. GridView.builder

使用 GridView.builder 构造函数构造 GridView 时同样需要设置 gridDelegate 属性。接下来，我们直接看一下代码中是怎样使用这个函数的：

```
GridView.builder(
  itemCount: 8,
  gridDelegate: SliverGridDelegateWithMaxCrossAxisExtent(
    maxCrossAxisExtent: 100,
    mainAxisSpacing: 8,
    crossAxisSpacing: 8,
    childAspectRatio: 2.0
  ),
  itemBuilder: (BuildContext context, int index) {
    return Container(
      color: Colors.red,
    );
  },
)
```

与 ListView 类似，itemCount 参数指定了需要展示多少个 Widget。我们仍旧需要提供一个回调函数来提供每个 Widget 的样式，而 gridDelegate 与前面一致，这里不再赘述。

6.4 Material 与 Cupertino

Material 与 Cupertino 是 Flutter 为我们提供的分别符合 Android 的 Material Design 设计语言和 iOS 系统设计语言的组件库。由于 Android 和 iOS 在组件名称、概念的定义上各有千秋，因此本节中，我们首先对比介绍二者都有或者作用相近的组件，然后介绍二者各自独有的组件，以期让读者充分理解和感受 Android 跟 iOS 不一样的设计风格和组件概念。

6.4.1 通用样式 Widget 一览

我们首先介绍一下 Material 与 Cupertino 的通用样式 Widget，具体如下。

- AppBar 与 CupertinoNavigationBar：它们均用于向用户展示当前页面的信息，以及与页面整体相关的动作（action）。示例如图 6-34 所示。

图 6-34　AppBar 与 CupertinoNavigationBar

- BottomNavigationBar 与 CupertinoTabBar：它们均向用户提供在不同页面之间切换的能力。示例如图 6-35 所示。

图 6-35　BottomNavigationBar 与 CupertinoTabBar

- BottomSheet 与 CupertinoActionSheet：它们用于在需要用户从几个行动中做选择时，从底部弹出并展示几个选项供用户选择。示例如图 6-36 所示。

图 6-36　BottomSheet 与 CupertinoActionSheet

☐ AlertDialog 与 CupertinoAlertDialog：它们均用于向用户询问一些比较重要的选项，一般有"确认"和"取消"、"不允许"和"允许"，或者"是"和"否"两个按钮，代表两种相反的选择。示例如图 6-37 所示。

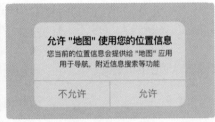

图 6-37　AlertDialog 与 CupertinoAlertDialog

☐ TextField 与 CupertinoTextField：它们用于向用户提供文本输入功能。示例如图 6-38 所示。

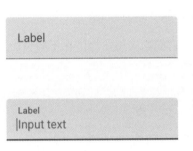

图 6-38　TextField 与 CupertinoTextField

☐ Sliders 与 CupertinoSlider：它们均用于向用户提供在一系列范围中进行选取的功能。示例如图 6-39 所示。

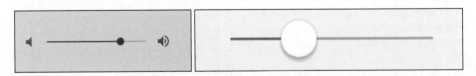

图 6-39　Sliders 与 CupertinoSlider

☐ Switch 与 CupertinoSwitch：它们均用于向用户提供类似开关的功能。示例如图 6-40 所示。

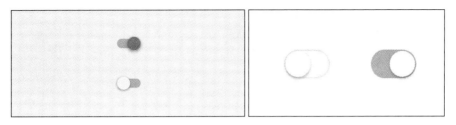

图 6-40 Switch 与 CupertinoSwitch

6.4.2 Material 的独有样式 Widget 一览

本节我们简要介绍一下 Material 独有的样式 Widget。

- TabBar：在 Material 中，除了 BottomNavigationBar，我们还可以利用 `TabBar` 向用户提供在不同页面之间切换的能力。

  一般来说，会把 TabBar 放置在 AppBar 的底部。除了单击 TabBar，用户也可以设置以滑动的方式切换不同页面。示例如图 6-41 所示。

图 6-41 TabBar

- Drawer：利用 BottomNavigationBar 和 TabBar，一般最多只能在 5 个页面之间切换，如果需要切换更多页面，可以利用 Drawer（抽屉）完成。

  在 Material Design 中，单击 AppBar 左上角的导航按钮或者在页面中右划，都可以打开 Drawer 页面。示例如图 6-42 所示。

图 6-42　Drawer

- FlatButton 与 RaisedButton：在 Material Design 中，FlatButton 一般用于不希望用户单击或者不显眼的动作，RaisedButton 这种立体按钮则用于希望用户单击的动作。示例如图 6-43 所示。

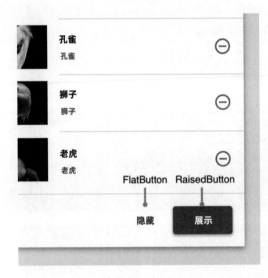

图 6-43　FlatButton 与 RaisedButton

- IconButton：仅用图片填充的按钮。当单击该按钮时，会有水波纹一样的动画向外扩散。示例如图 6-44 所示。

图 6-44　IconButton

❑ FloatingActionButton：一个浮动在页面中的按钮，这个按钮通常用于添加、分享等动作。示例如图 6-45 所示。

❑ DropdownButton：单击该按钮后，会弹出一个下拉菜单。该按钮常放在 `AppBar` 的最右侧。示例如图 6-46 所示。

图 6-45　FloatingActionButton

图 6-46　DropdownButton

6.4.3　Cupertino 的独有样式 Widget 一览

本节我们概要介绍一下 Cupertino 独有的样式 Widget。

❑ CupertinoButton：为用户提供基本的单击动作。示例如图 6-47 所示。

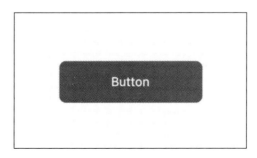

图 6-47　CupertinoButton

> **说明**
>
> 和 Material 中丰富的按钮类型不同，Cupertino 库中仅有 CupertinoButton 这一种类型的按钮，因此我们不直接对比 Material 和 Cupertino 中的 Widget，而是单独拿出来进行介绍。

❏ CupertinoActivityIndicator：用于向用户提示当前 App 正在执行的一些较为耗时的加载行为。示例如图 6-48 所示。

图 6-48　CupertinoActivityIndicator

❏ CupertinoSegmentedControl：用于让用户在多于 2 个的选项之间进行互斥选择。示例如图 6-49 所示。

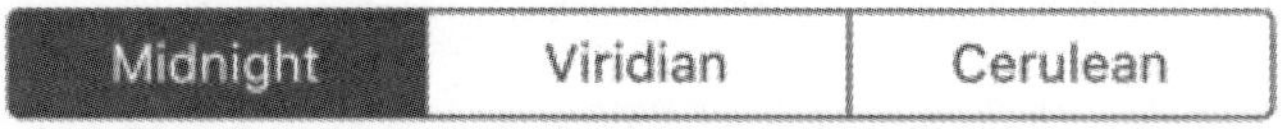

| Midnight | Viridian | Cerulean |

图 6-49　CupertinoSegmentedControl

6.5　小结

本章我们主要对 Flutter 中会使用到的 Widget 进行了整体阐述，通过这些阐述，相信读者可以对 Flutter 中常用的一些 Widget 有一些基本认识。

第二部分
动手做一个待办事项应用

第 7 章

我们要做一个什么样的应用

通过第一部分的学习，想必大家已经对 Flutter 框架的基础知识有了一个大概的了解。在第二部分，我们将会开发一个精美的待办事项应用，在实战中加深对 Flutter 框架的理解和认识。待办事项应用的主要功能就是增加、删除、完成和展示待办事项，开发这个应用的过程基本囊括了开发一个小型 App 时可能需要的大部分知识，接下来看看我们要开发的这个 App 具体是什么样子。

7.1　页面一览

我们要开发的待办事项应用其实并不复杂，共计包含 7 个页面，这 7 个页面之前会有一些简单的跳转关系，如图 7-1 所示。

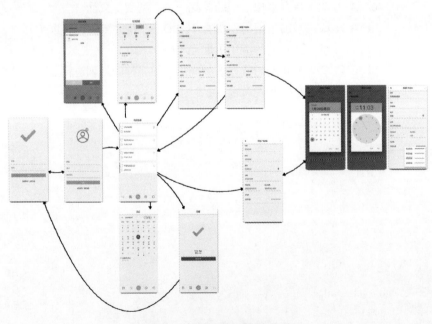

图 7-1　页面之间的跳转关系

接下来，我们具体了解一下即将开发的每一个页面。

首先是图 7-2 所示的"登录"页面与"注册"页面，在这两个页面中，我们主要会对在第 6 章学习的 Widget 相关知识做一个实战演练。利用 Widget 构建完这两个页面后，我们还会学习在 Flutter 中如何在两个页面之间进行跳转。

图 7-2 "登录"页面与"注册"页面

当第一次通过登录或者注册进入待办事项应用的主页面后，应用便会记住我们的登录状态，下一次打开应用就不会再次进入登录页面了。整个应用的核心页面就是图 7-3 展示的"列表"页面。在这个页面中，我们不仅可以单击查看某个待办事项（Todo）的详情，还可以直接单击某个事项的完成和标星按钮，来将这个事项设置为完成或者置顶。在待办事项列表中，所有的事项默认按照时间排序，同时还保证已完成的事项排在未完成的事项之后，标星的事项一定排在普通的事项之前。我们也可以通过长按手势来删除一个待办事项。在构建这个页面的过程中，我们主要会学习 Flutter 中 ListView 的使用方式以及动画的使用。

在了解完主要的"列表"页面之后，再来看两个统计分析页面。如图 7-4 所示，我们可以通过日历来浏览每个时间点中待办事项的情况，同时可以查看某个月内待办事项的完成情况。在构建这两个页面的过程中，我们主要会学习如何共享跨页面的数据。

图 7-3　"列表"页面

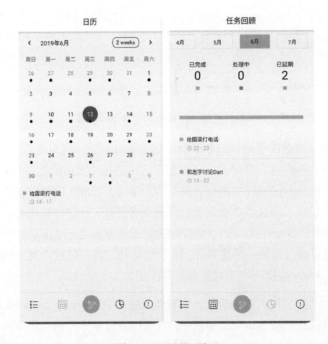

图 7-4　"日历"页面

Tab 中的最后一个页面是一个非常简单的"关于"页面，如图 7-5 所示，这个页面的主要功能是退出登录。在构建这个页面的过程中，我们会学习一种特殊的动画使用方式。

图 7-5 "关于"页面

除了以上这些主要起查看作用的页面以外，当我们单击列表中的待办事项，或者单击 Tab 中的添加按钮时，都会打开编辑页面，如图 7-6 和图 7-7 所示。从不同的入口打开，编辑页面会显示出不同的状态。这里我们主要学习如何允许用户输入文本、时间、日期等内容。

图 7-6 "查看 TODO""编辑 TODO""添加 TODO"页面

图 7-7　"编辑 TODO"页面

7.2　整体技术点一览

针对 7.1 节提到的页面，我们会在接下来的章节中结合相关技术点一个一个进行介绍。

在第 8 章中，我们主要介绍如何利用 Widget 构建"登录"页面的基本结构，在这个过程中我们会对一些 Widget 的详细使用方式进行介绍。

在第 9 章中，我们会用和构建"登录"页面时类似的方式构建"注册"页面，然后会介绍 Flutter 中与路由跳转相关的知识，以及如何自定义路由跳转的转场效果。

在第 10 章中，我们会首先学习如何构建带有 Tab 的页面，接着将精力放在"列表"页面的构建上，然后利用"列表"页面完成整体待办事项列表的展示以及简单的事件处理。

在第 11 章中，我们会通过构建编辑页面，学习如何完成一个带有比较复杂的输入内容的表单页面，同时学习如何在代码量上升的状态下通过封装来实现更好的代码复用。

在第 12 章中，我们会学习一些比较好玩的技术点，首先是 Flutter 中动画的底层原理，以及如何用动画让我们的应用更加生动。紧接着使用 PlatformChannel 和 PlatformView 这两项技术，了解如何在 Flutter 中使用一些平台已有的特性。

在第 13 章中，我们会尝试给应用添加更多的本地校验逻辑。我们会学习如何在多个页面之间共享数据，如何从远端网络获取数据并将其保存在本地，同时还会了解在网络和本地存储之间同步数据的基本策略。

在第 14 章中，我们会学习如何将已经完成的待办事项应用分别发布到 iOS 和 Android 的应用商店中。

第 8 章

第一个页面——"登录"页面

从本章开始，我们会一步步将第 7 章中展示的待办事项应用的设计图实现出来。下面从所有页面中最简单、最基础的"登录"页面开始。

首先请利用 git 命令下载我们预先为大家准备好的样板工程：

```
git clone git@github.com:FunnyFlutter/funny_todo_app.git
```

在这个工程中，我们利用分支为大家提供了本书第二部分接下来每一章可以直接使用的样板工程。请运行如下的 git 命令，切换到本章所在的分支：

```
git checkout chapter-8
```

工程中第一部分的内容非常简单，只是在 main.dart 中利用 MaterialApp 组件设置了一些基本的颜色属性。如图 8-1 所示，执行 flutter run 命令将工程运行起来后，可以看到结果是展示一个只有文字的页面。在接下来的讲解中，我们将会带领大家一步步完善这个页面。

图 8-1　初始页面

8.1　搭建 UI 框架

本节我们会搭建登录页面的整体框架，以便在之后的步骤中逐步完成页面的具体细节。

8.1.1　创建登录页面文件

首先创建 lib/pages/login.dart 文件，并写入基本的文件内容：

```dart
// lib/pages/login.dart
...

class LoginPage extends StatelessWidget {
  @override
  Widget build(BuildContext context) {
    return Scaffold(
      body: Center(
        child: Text('登录页面'),
      ),
    );
  }
}
...
```

然后修改 main.dart 文件中 App 的 home 属性，让 App 启动后直接展示登录页面（代码中包含删除线的部分表示删除原有代码）：

```dart
// lib/main.dart
...

void main() => runApp(MyApp());

class MyApp extends StatelessWidget {
  // 当前的 MyApp 是整个应用的根 Widget
  @override
  Widget build(BuildContext context) {
    return MaterialApp(
      ...
      home: LoginPage(),
    );
  }
}
...

// lib/pages/login.dart
...

class LoginPage extends StatelessWidget {
  @override
  Widget build(BuildContext context) {
    return Scaffold(
```

```
      body: Center(
        child: Text('登录页面'),
      ),
    );
  }
}
...
```

保存该文件。得益于 Flutter 的 HotReload 功能，我们无须重新编译就可以看到图 8-1 的登录页面发生了变化，如图 8-2 所示。

图 8-2   HotReload 后的登录页面

8.1.2   搭建整体结构

现在我们来分析设计图中的"登录"页面，合理的分析可以使开发过程更加流畅。我们可以对页面进行结构分析，如图 8-3 所示。

由图 8-3 可以看出，此时登录页面的上半部分由一张图片填充，下半部分又分为三部分：用于输入邮箱和密码的文本框、登录按钮、注册提示文字。

我们可以抽象地将登录页面的布局结构看成如图 8-4 所示的这样。

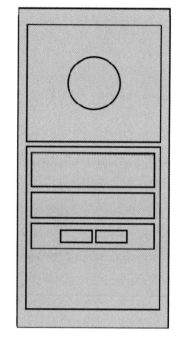

图 8-3 对登录页面进行结构分析   图 8-4 登录页面的布局结构抽象化

回想一下我们在第 6 章中讲到的那些布局组件，这里登录页面的布局结构应该使用哪一个？

没错，利用 Column 就可以很好地完成需求了。我们首先利用 Column 组件将登录页面一分为二，然后利用 Expanded 组件让分割后的两部分都能够铺开整个页面：

```dart
// pages/login.dart
...
@override
Widget build(BuildContext context) {
  return Scaffold(
    body: Center(
      child: Column(
        children: <Widget>[
          // 利用 Expanded 组件让两个子组件都能占满整个屏幕
          Expanded(
            child: Container(
              color: Colors.blue,
              child: Center(
                child: Text('top'),
              ),
            ),
          ),
          Expanded(
            child: Container(
              color: Colors.red,
              child: Center(
```

```
              child: Text('bottom'),
            ),
          ),
        ),
      ],
    ),
  ),
);
}
...
```

这里我们暂时利用容器组件来表示即将填充的内容，并用不同的颜色区分页面的不同部分。保存 login.dart 文件，可以看到页面变成了这个样子，如图 8-5 所示。

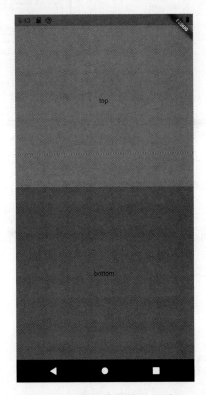

图 8-5   用色块填充的登录页面

8.1.3   布局文本框组件

现在我们需要为文本框等组件找到合适的布局手段，分析图 8-3 中的下半部分，我们可以看出，其包含的三个组件在下半部分也是依次向下排布的，因此可以继续嵌套使用 Column 组件来布局这三个组件：

```
// lib/pages/login.dart
...
@override
Widget build(BuildContext context) {
  return Scaffold(
    body: Center(
      child: Column(
        children: <Widget>[
          Expanded(
            child: Container(
              color: Colors.blue,
              child: Center(
                child: Text('top'),
              ),
            ),
          ),
          Expanded(
            child: Container(
              color: Colors.red,
              child: Column(
                crossAxisAlignment: CrossAxisAlignment.stretch,
                children: <Widget>[
                  Column(
                    children: <Widget>[
                      Container(
                        child: Text('邮箱'),
                        color: Colors.brown,
                      ),
                      Container(
                        child: Text('密码'),
                        color: Colors.brown,
                      ),
                    ],
                  ),
                  Container(
                    child: Text('登录按钮'),
                    color: Colors.brown,
                  ),
                  Container(
                    child: Text('注册提示'),
                    color: Colors.brown,
                  ),
                ],
              ),
            ),
          ),
        ],
      ),
    ),
  );
}
...
```

此时的页面更新为了图 8-6 所示的状态。

图 8-6　更新后的登录页面

此时我们会发现，使用 Column 布局的两个表示输入框的文本组件是居中对齐的，也就是说两个文本组件并不会横向占据整个屏幕。而另外两个文本组件则占据了整个屏幕，这是什么原因？原因在于，仅当 Column 组件的 crossAxisAlignment 属性取 stretch 时，Column 自身才会尽可能地占据父组件提供的最大宽度，并且要求其所有子组件的宽度也要与自身的宽度相同。对于其他属性值，Column 会首先要求子组件按照不超过父组件提供的最大宽度进行布局，然后自身宽度则由宽度最大的子组件决定。

在当前这个场景中，如果我们需要扩大上方的文本组件，则可以将其外层的 Column 组件的 crossAxisAlignment 属性值修改为 stretch：

```
// lib/pages/login.dart
...
Column(
  crossAxisAlignment: CrossAxisAlignment.stretch,
  children: <Widget>[
    Container(
```

```
      child: Text('邮箱'),
      color: Colors.brown,
    ),
    Container(
      child: Text('密码'),
      color: Colors.brown,
    ),
  ],
),
...
```

此时的页面如图 8-7 所示，可以看到两个输入组件填充满了整个屏幕的宽。

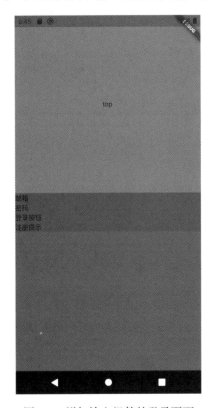

图 8-7　增加输入组件的登录页面

8.1.4　继续完善细节

到这里，大体的页面结构就已经设计完成了，再来关注一些细节。首先我们可以看到，图 8-3 中页面的下半部分的组件是有边距的，我们可以利用 Padding 组件为这些组件增加边距，修改代码如下：

```
// lib/pages/login.dart
...
Padding(
  padding: EdgeInsets.only(left: 24, right: 24, bottom: 12),
  child: Column(
    crossAxisAlignment: CrossAxisAlignment.stretch,
    children: <Widget>[
      Container(
        child: Text('邮箱'),
        color: Colors.brown,
      ),
      Container(
        child: Text('密码'),
        color: Colors.brown,
      ),
    ],
  ),
),
Padding(
  padding: EdgeInsets.only(
      left: 24, right: 24, top: 12, bottom: 12),
  child: Container(
    child: Text('登录按钮'),
    color: Colors.brown,
  ),
),
Padding(
  padding: EdgeInsets.only(
      left: 24, right: 24, top: 12, bottom: 12),
  child: Container(
    child: Text('注册提示'),
    color: Colors.brown,
  ),
),
...
```

提示

　　类似这种在已有的 Widget 外部增加新组件的场景，如果手动添加新组件的话是非常麻烦的。所幸 Flutter 的插件为我们提供了非常方便的操作方式。

　　使用的开发软件如果是 VS Code，就选中某个组件，例如我们这里的 Container 组件，然后单击左侧的小灯泡，选择"Wrap With Padding"，就可以非常方便地为 Container 添加新组件了，如图 8-8 所示。

　　如果是 Android Studio，那么操作也是类似的，选中某个组件，然后单击小灯泡，选择"Wrap with Padding"即可，如图 8-9 所示。

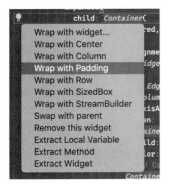

图 8-8　VS Code 中的 Wrap with Padding　　　图 8-9　Android Studio 的 Wrap with Padding

Android Studio 中的 FlutterOutline 工具栏中也有很多这样的快速修改 Widget 的快捷方式，只要将光标停留在对应的按钮上就可以看到其对应的功能，如图 8-10 所示。

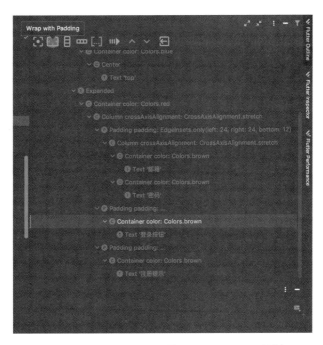

图 8-10　Android Studio 的 FlutterOutline 工具栏

完成上面的修改后，登录页面中的各个组件与屏幕边缘就有了合适的距离，同时组件之间也有了合适的距离，如图 8-11 所示。

图 8-11   带有合适边距的登录页面

接下来我们看看图 8-3 中页面下半部分里的"没有账号？立即注册"，这其实是由两个组件组成的，这里我们可以使用 Row 组件来对这两个组件进行布局：

```
// lib/pages/login.dart
...
Padding(
  padding: EdgeInsets.only(
      left: 24, right: 24, top: 12, bottom: 12),
  child: Container(
    child: Row(
      mainAxisAlignment: MainAxisAlignment.center,
      children: <Widget>[
        Text('没有账号？'),
        Text('立即注册'),
      ],
    ),
    color: Colors.brown,
  ),
),
...
```

此时的页面如图 8-12 所示。到此，我们的页面在布局上已经和图 8-3 的样子差不多了。

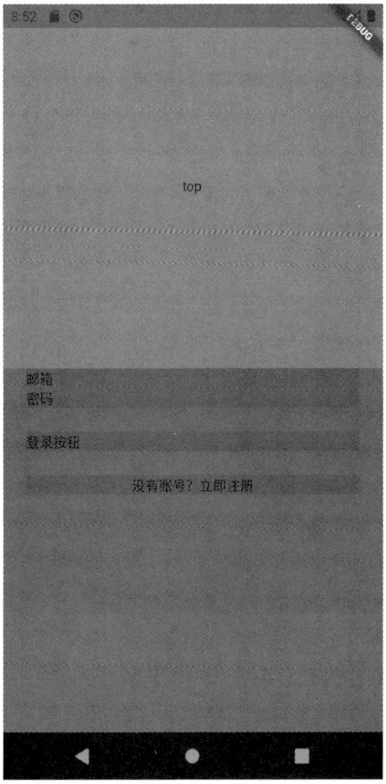

图 8-12 基本完善的"登录"页面布局

8.2 填充组件

在 8.1 节中，我们已经搭建好了基本的页面布局，接下来是向布局中填充具体的组件。

8.2.1 填充图片组件

首先需要填充的是图片组件，我们提供的工程已经将相关图片资源准备好，并放置在了 assets/images 目录下。但是此时，在我们的待办事项应用中还无法获取这张图片。原因在于我们并没有在配置文件 pubspec.yml 中声明要将这个文件集成到我们的 App 中。

打开 pubspec.yml 文件，按照如下形式添加声明：

```
...
flutter:
  # The following line ensures that the Material Icons font is
```

```
# included with your application, so that you can use the icons in
# the material Icons class.
uses-material-design: true

assets:
  - assets/images/

# An image asset can refer to one or more resolution-specific "variants", see
# https://flutter.dev/assets-and-images/#resolution-aware.
```

提示

　　YAML 格式是一种专门用来写配置文件的格式。如果曾经使用过 JavaScript，那么你一定知道 JavaScript 中广泛使用 JSON 文件作为配置文件。

　　与 JSON 相比，YAML 编写起来更为方便，并且可读性更佳。唯一需要注意的是，YAML 是对缩进敏感的，因此在编写 YAML 配置文件的时候，尤其需要注意缩进。

　　保存 pubspec.yml 文件，可以注意到此时 IDE 已经为我们自动执行了 `flutter pub get` 命令。然后我们将之前添加的文字替换为图片组件 Image，并将背景色调整为默认的白色：

```
// lib/pages/login.dart
...
Expanded(
  child: Container(
    child: Center(
      child: Image.asset('assets/images/mark.png'),
    ),
  ),
...
```

　　由于我们此次的改动新增加了图片，因此需要执行一次 HotRestart 让此次修改生效。如果你使用的是 VS Code，那么请打开命令界面（View → Command Palette...），然后在弹出的输入框中输入 hot restart 来执行 HotRestart，如图 8-13 所示。

图 8-13　VS Code 的 Hot Restart 命令

　　如果使用的是 Android Studio，你可以通过单击其中的 Debug 面板中的 Flutter Hot Restart 按钮来执行 HotRestart，如图 8-14 所示。

图 8-14 Android Studio 的 Hot Restart 命令

执行 HotRestart 后，我们发现图片看起来比我们预想的要大不少，如图 8-15 所示。

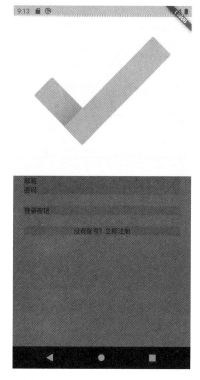

图 8-15 图片过大的登录页面

这是为什么呢？因为在默认情况下，Image 组件展示图片时会使用输入图片的实际大小。由于我们这里设置的图片分辨率比较高，因此图片基本占据了整个页面的上半部分。遇到这种问题，我们需要给 Image 组件指定一个宽高。

指定宽高有两种方式，一种是通过 Image 组件的 `width` 和 `height` 属性强行指定宽高的值，这种方式虽然简单粗暴，但是需要我们不断地尝试，去寻找一个合适的宽高大小，并且对于不同大小的屏幕没有良好的适配性。

另一种方式是我们给这个组件的外层包裹一个容器，这个容器能够约束这个图片组件的布局方式，让这个图片以我们约束的布局方式布局。

所幸，Flutter 为我们提供了 FractionallySizedBox 组件，让我们能够按照百分比来布局组件。通过传入的 widthFactor 和 heightFactor 参数，我们可以让 Image 组件按照父容器（这里是 Center 组件）的大小来布局。下面是实现过程：

```dart
// lib/pages/login.dart
...
Expanded(
  child: Container(
    color: Colors.white,
    child: Center(
      child: FractionallySizedBox(
        child: Image.asset('assets/images/mark.png'),
        widthFactor: 0.4,
        heightFactor: 0.4,
      ),
    ),
  ),
),
...
```

此时的页面如图 8-16 所示，我们界面中的图片大小终于和图 8-3 中的一致了。

图 8-16　与设计稿中的图片大小一致的登录页面

8.2.2 填充邮箱和密码输入框

接下来，继续填充我们的页面。首先将原本的文本框替换成最基本的 TextField，并为 TextField 增加装饰器，补充上作为提示的 hintText：

```
// lib/pages/login.dart
...
Padding(
  padding: EdgeInsets.only(left: 24, right: 24, bottom: 12),
  child: Column(
    crossAxisAlignment: CrossAxisAlignment.stretch,
    children: <Widget>[
      TextField(
        decoration: InputDecoration(
          hintText: '请输入邮箱',
          labelText: '邮箱',
        ),
      ),
      TextField(
        decoration: InputDecoration(
          hintText: '请输入六位以上的密码',
          labelText: '密码',
        ),
      ),
    ],
  ),
),
...
```

除此之外，由于第二个输入框是密码框，因此还需要将这个输入框的输入内容设置为不展示：

```
// lib/pages/login.dart
...
TextField(
  decoration: InputDecoration(
    hintText: '请输入六位以上的密码',
    labelText: '密码',
  ),
  obscureText: true,
),
...
```

如此一来，输入密码框的文本就会被 *** 代替。

8.2.3 登录按钮与注册提示按钮

这里我们来继续完善页面下方的登录按钮。登录按钮比较简单，我们只需要按照设计稿中的样式，为 Text 外部包裹上一个合适样式的 FlatButton 即可。

首先在登录文本的外部增加一个 FlatButton，并为其设置对应的颜色，其中 R 代表红色值、G 代表绿色值、B 代表蓝色值，这三个参数的取值范围都是 0~255；O 代表透明度，取值为 0 表示完全透明，为 1 表示完全不透明。与此同时，我们也把我们页面下半部分的红色背景色移除，让它能够展示默认的背景色：

```
// lib/pages/login.dart
Expanded(
  child: Container(
    color: Colors.red,
    child: Column(
      crossAxisAlignment: CrossAxisAlignment.stretch,
      children: <Widget>[
        ...
        Padding(
          padding: EdgeInsets.only(
            left: 24,
            right: 24,
            top: 12,
            bottom: 12,
          ),
          child: FlatButton(
            child: Text('登录按钮'),
            color: Color.fromRGBO(69, 202, 181, 1),
          ),
        ),
        ...
      ],
    ),
  ),
),
```

提示

在实际开发中，当设计师给出设计稿以后，一般会在设计稿中对颜色进行标注。如果没有给出标注，开发人员也可以使用拾色器来获取设计稿中某个颜色的色值。

如果你使用的是 Android Studio，那么可以使用它自带的拾色器。

打开 Help→FindAction，然后输入 ShowColorPicker，就可以打开 Android Studio 自带的拾色器了，如图 8-17 和图 8-18 所示。

图 8-17　Android Studio 中打开拾色器的命令

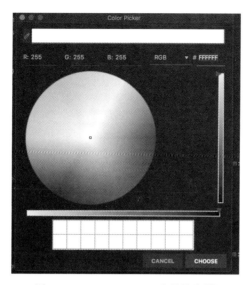

图 8-18　Android Studio 中的拾色器

单击拾色器中的吸管图标，放置到设计稿中登录按钮的位置，然后单击即可获取登录按钮的颜色值。

保存更改，得到的页面如图 8-19 所示。我们很惊讶地发现，按钮并没有像我们想象的那样更改颜色。

图 8-19　登录按钮的颜色没有改变

为什么会这样？查阅 FlatButton 的文档后我们可以知道，如果 FlatButton 的 onPressed 属性为 null，FlatButton 就会自动设置为不可用态，而我们为颜色属性 color 设置的是可用态的颜色，因此可以先给 FlatButton 设置一个不可用态的颜色：

```
// lib/pages/login.dart
...
Padding(
  padding: EdgeInsets.only(
    left: 24,
    right: 24,
    top: 12,
    bottom: 12,
  ),
  child: FlatButton(
    child: Text('登录按钮'),
    disabledColor: Color.fromRGBO(69, 202, 160, 0.5),
    color: Color.fromRGBO(69, 202, 181, 1),
  ),
),
...
```

接下来再设置一下文本的颜色，就完成了对登录按钮的设置：

```
// lib/pages/login.dart
...
Padding(
  padding: EdgeInsets.only(
    left: 24,
    right: 24,
    top: 12,
    bottom: 12,
  ),
  child: FlatButton(
    child: Text(
      '登录按钮',
      style: TextStyle(
        color: Colors.white,
      ),
    ),
    disabledColor: Color.fromRGBO(69, 202, 160, 0.5),
    color: Color.fromRGBO(69, 202, 181, 1),
  ),
),
...
```

此时页面看起来就是这样的，如图 8-20 所示。

图 8-20 正确设置了按钮颜色

最后，我们再为下方的"立即登录"文本包裹一个 FlatButton，并临时提供一个默认的 onPressed 事件来让 FlatButton 保持可用态：

```
// lib/pages/login.dart
...
child: Row(
  mainAxisAlignment: MainAxisAlignment.center,
  children: <Widget>[
    Text('已有账号? '),
    FlatButton(
      child: Text('立即登录'),
      onPressed: () {},
    ),
  ],
),
...
```

但此时又产生了新的问题，"已有账号"和"立即登录"之间出现了我们不期望的空格，如图 8-21 所示。

通过 Flutter Inspector 工具可以看出，这个空格是来自 FlatButton 内部的 padding，如图 8-22 所示。

图 8-21 出现多余空格的登录页面   图 8-22 使用 Flutter Inspector 工具查看空格

但奇怪的事情发生了：即便是我们给 FlatButton 设置了值为 0 的 padding，这个空格也还是不会消失。下面具体试一试：

```
// lib/pages/login.dart
...
Row(
  mainAxisAlignment: MainAxisAlignment.center,
  children: <Widget>[
    Text('已有账号？'),
    FlatButton(
      padding: EdgeInsets.only(left: 0, right: 0),
      child: Text('立即登录'),
      onPressed: () {},
    ),
  ],
),
...
```

这是为什么呢？通过查阅 FlatButton 的组件注释文档我们可以得知，FlatButton、IconButton等一些来自 Material Design 的 Button 组件在设计上是有一定要求的，这些 Button 都会有默认的内边距，因此如果使用它们，是无法消除掉内边距的。好在文档也为我们提供了解决方案，其中指出，如果不想遵从这些设计规范，直接使用 InkWell 组件即可。将 FlatButton 替换为 InkWell：

```
// lib/pages/login.dart
...
Row(
```

```
mainAxisAlignment: MainAxisAlignment.center,
children: <Widget>[
  Text('已有账号？'),
  InkWell(
    child: Text('立即登录'),
    onTap: () {},
  ),
],
),
...
```

　　此时的"登录"页面如图 8-23 所示，烦人的空白间距终于消失了，我们的"登录"页面看起来已经和图 8-3 差不多了。

图 8-23　最终完成的"登录"页面

8.3　为页面增加本地逻辑

　　在 8.2 节中，我们实现的"登录"页面从视觉上看已经和设计稿相差无几了。本节我们会给"登录"页面增加实际的逻辑，让这个页面拥有和用户交互的能力。

8.3.1　处理键盘遮挡问题

　　单击页面上的邮箱输入框，会发现出现了一些异常，如图 8-24 所示。

图 8-24　出现异常的登录页面

如果我们使用的模拟器屏幕尺寸比较小，在键盘上方就会出现一个黄色的区域，其中写着
BOTTOM OVERFLOWED BY 24 PIXELS，同时在控制台中也会出现一些异常警告：

```
══════ Exception caught by rendering library ═══════════════════

The following assertion was thrown during layout:
A RenderFlex overflowed by 9.8 pixels on the bottom.

The relevant error-causing widget was
Column
The overflowing RenderFlex has an orientation of Axis.vertical.
The edge of the RenderFlex that is overflowing has been marked in the rendering with
a yellow and black striped pattern. This is usually caused by the contents being too
big for the RenderFlex.

Consider applying a flex factor (e.g. using an Expanded widget) to force the children
of the RenderFlex to fit within the available space instead of being sized to their
natural size.
This is considered an error condition because it indicates that there is content that
cannot be seen. If the content is legitimately bigger than the available space, consider
clipping it with a ClipRect widget before putting it in the flex, or using a scrollable
container rather than a Flex, like a ListView.

The specific RenderFlex in question is: RenderFlex#2b337 relayoutBoundary=up3
OVERFLOWING
════════════════════════════════════════════════════════════════

...
```

这是什么意思？不要着急，我们来仔细分析一下这个问题是怎么产生的。

提示

　　实际的数字可能因我们使用的模拟器不同而有所变化，在一些屏幕尺寸比较大的设备上甚至可能不会出现这个错误，但整个页面还是会重新布局，导致看起来会有些奇怪。

首先我们需要看一下 lib/pages/login.dart 文件中的一个我们之前可能忽略掉的细节设置：

```
// lib/pages/login.dart
...
@override
Widget build(BuildContext context) {
  return Scaffold(
    resizeToAvoidBottomInset: true, // 默认值为 true，这里显式的写出来以凸显其作用
    ...
  );
}
...
```

这里 Scaffold 组件中的 `resizeToAvoidBottomInset` 属性是什么意思呢？当该属性的值设置为 `true` 时，Scaffold 组件就会在有键盘弹出的时候，对 body 中的组件利用原本 Scaffold 的高度（这里就是屏幕的高度）减去键盘的高度重新执行一次布局。

提示

　　可以通过 MediaQuery 组件中的 `MediaQueryData.viewInsets` 属性获得键盘的高度。

重新布局后，由于我们整个登录页面中的文本框、按钮等组件的高度都有一个最小值，即这些组件的高度不会小于这个值，这些组件的总体高度值大于目前 body 的高度，因此这些组件就出现了所谓的 overflow 现象，也就是子组件超出了作为容器的父组件的边界。

在这种情况下，我们可以很明显地看出，页面上方的对勾图案也发生了压缩，其整体大小明显缩小了很多。图 8-25 可以很好地说明这种状况。

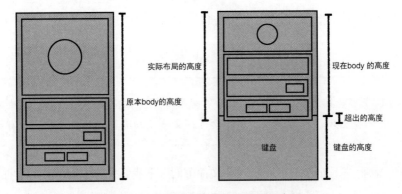

图 8-25　出现键盘前后的登录页面布局

　　产生问题的原因已经很清楚了，那么如何解决这个问题呢？最简单粗暴的办法就是将 resizeToAvoidBottomInset 属性的值设置为 false，不让 Scaffold 自动重新布局 body 组件。我们尝试将 resizeToAvoidBottomInset 属性设置为 false：

```
// lib/pages/login.dart
...
@override
Widget build(BuildContext context) {
  return Scaffold(
    resizeToAvoidBottomInset: false,
    ...
  );
}
...
```

　　问题解决，但我们又遇到了新的问题：单击密码输入框的时候，弹出的键盘会将输入框遮挡住，如图 8-26 所示。

图 8-26　键盘遮挡住输入框

这个问题应该如何去解决呢？思路其实非常简单，只需要在 Column 外部增加一个可滚动的容器，每当产生单击输入框的事件后，就控制这个可滚动容器滚动到输入框的下方位置，让这个输入框无论处在什么地方，都可以被用户看到即可。

所幸，在 Flutter 框架中，要完成这件事情也非常容易，只要在所有输入框的最外层包裹一个可滚动的容器组件，并将 Scaffold 组件的 `resizeToAvoidBottomInset` 属性值设置为 `true`，Flutter 框架就会自动在输入框被键盘遮挡住的时候，将页面滑动到被单击的输入框的下方。

我们首先将 Scaffold 组件中的 `resizeToAvoidBottomInset` 属性值恢复为 `true`，然后在 Column 的外部包裹一个 SingleChildScrollView：

```
// lib/pages/login.dart
@override
Widget build(BuildContext context) {
  return Scaffold(
    body: SingleChildScrollView(
      ...
    ),
  );
}
```

保存更改，但是新的问题又出现了，页面一片空白，同时控制台中出现了新的错误信息：

```
I/flutter(22020):━━━━┥ EXCEPTIONCAUGHTBYRENDERINGLIBRARY ┝━━━━━━━━━━━━━━━━

I/flutter(22020):Thefollowingassertionwasthrownduringperformlayout():
I/flutter(22020):RenderFlexchildrenhavenon-zeroflexbutincomingheightconstraintsare
unbounded.
I/flutter(22020):Whenacolumnisinaparentthatdoesnotprovideafiniteheightconstraint,f
orexampleifitis
I/flutter(22020):inaverticalscrollable,itwilltrytoshrink-wrapitschildrenalongtheve
rticalaxis.Settinga
I/flutter(22020):flexonachild(e.g.usingExpanded)indicatesthatthechildistoexpandtof
illtheremaining
I/flutter(22020):spaceintheverticaldirection.
I/flutter(22020):Thesetwodirectivesaremutuallyexclusive.Ifaparentistoshrink-wrapit
schild,thechild
I/flutter(22020):cannotsimultaneouslyexpandtofititsparent.
I/flutter(22020):ConsidersettingmainAxisSizetoMainAxisSize.minandusingFlexFit.loos
efitsfortheflexible
I/flutter(22020):children(usingFlexibleratherthanExpanded).Thiswillallowtheflexibl
echildrentosize
I/flutter(22020):themselvestolessthantheinfiniteremainingspacetheywouldotherwisebe
forcedtotake,and
I/flutter(22020):thenwillcausetheRenderFlextoshrink-wrapthechildrenratherthanexpan
dingtofitthemaximum
I/flutter(22020):constraintsprovidedbytheparent.
```

简单来说，这一段错误信息告诉我们，我们的 Column 处在一个 Scrollable 的容器中（也就是我们刚刚添加的 SingleChildScrollView），由于 Scrollable 的容器对子组件没有任何约束，因此理论上 Column 的高度可以为无限大。而由于我们在 Column 中使用了 Expanded 组件，因此 Column 中的子组件会尽力占满 Column 已经确定的高度。很显然，这两种布局策略是互斥的，Flutter 是无法在这种情况下完成布局的。因此 Flutter 框架只能给出以上的错误信息。

因此，此时我们需要给予 Column 额外的布局约束。一般在这种情况下，我们会用 BoxConstrained 布局组件来给组件增加额外的布局约束，代码非常简单：

```
// lib/pages/login.dart
...
@override
Widget build(BuildContext context) {
  return GestureDetector(
    onTap: () {
      FocusScope.of(context).unfocus();
    },
    child: Scaffold(
      body: SingleChildScrollView(
        child: ConstrainedBox(
          //利用 MediaQuery 来获取屏幕的高度
          constraints: BoxConstraints(
            maxHeight: MediaQuery.of(context).size.height,
          ),
          child: Center(
            ...
          ),
        ),
      ),
    ),
  );
}
...
```

在这段代码中，我们使用 BoxConstraints 为 Column 组件增加了一个高度上的约束，约束其高度最大为屏幕的高度，从而让 Flutter 能够顺利完成布局。保存代码，单击密码输入框，此时我们可以看到键盘不再遮挡输入框了，如图 8-27 所示。

图 8-27　键盘不再遮挡输入框

代码中的细节

　　在上面的代码中，我们使用的 `MediaQuery.of(context)` 其实是一个 `MediaQueryData` 类型的对象，它代表 Flutter 中"媒体"的信息。所谓"媒体"的信息，就是指一些和设备像素相关的信息，比如窗口的大小、屏幕的宽高、文本的缩放比例等。这里我们通过 `MediaQuery.of(context)` 获取的 `MediaQueryData` 其实是来自 MaterialApp 这个布局组件。

　　那么另外一个问题就是，为什么我们能够通过 `MediaQuery.of(context)` 来获取 MaterialApp 中设置的 `MediaQueryData` 呢？这就要说到 Flutter 的一个非常精妙的概念：InheritedWidget。

　　可能大部分人一开始看到 `build` 方法中的 `buildContext` 时，并不理解为什么会有这样一个参数。其实 `buildContext` 最大的意义在于，一个子组件能够以一种非常方便的形式获取来自父组件的信息或者修改父组件的内容。

　　如果没有 `buildContext`，我们就只能像图 8-28 所示的这样，非常麻烦地通过将父组件的数据不断传递给子组件的方式来达到同样的目的。

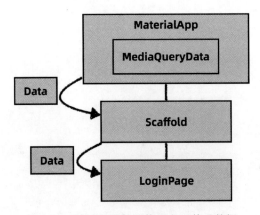

图 8-28   通过父组件不停地向下传递数据

现在利用 buildContext，无须经过 Scaffold，就可以在 LoginPage 中非常方便地获取 MaterialApp 中的 MediaQueryData，如图 8-29 所示。

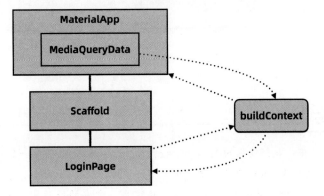

图 8-29   通过 buildContext 获取来自上层的数据

为了对这种使用场景进行进一步的优化，Flutter 构建了 InheritWidget 这种类型的特殊 Widget。buildContext 通过保存每一个 InheritWidget 的引用的方式来加快获取 InheritWidget 的速度（如果 Widget 的层级很深，用 buildContext 获取普通父 Widget 的速度就会非常慢，而获取父 InheritWidget 的速度则不会受到影响），具体的原理细节我们会在第 15 章讲解。

这里我们正是利用 Flutter 的 InheritWidget 机制，非常方便地获取了父 Widget-MaterialApp 中的 MediaQueryData（这里的 MediaQuery 就是一种 InheritWidget），从而完成了对 Column 的布局约束。

8.3.2　处理焦点

解决了键盘遮挡输入框的问题以后可以想到，一般而言，我们使用的 App 都是在单击键盘以外的空白区域后，就会让键盘收回去，而我们此时的待办事项应用并没有这个功能，必须要单击键盘下方的虚拟按键才能让键盘收回去。下面基于此，继续优化我们的应用。

在 Flutter 中，TextField 的焦点事件可以通过 FocusNode 控制。使用 FocusNode 之前，首先需要将"登录"页面转为 StatefulWidget 类型，转换方式也很简单，依旧是利用我们之前提过的小灯泡，选中 LoginPage，然后单击小灯泡中的 Convert Widget to StatefulWidget，IDE 就会自动帮我们生成好所有需要的代码：

```
class LoginPage extends StatefulWidget {
  @override
  _LoginPageStatecreateState()=>_LoginPageState();
}

class _LoginPageState extends State<LoginPage> {
  @override
  Widgetbuild(BuildContextcontext){...}
}
```

然后就可以通过 FocusNode 控制键盘的展示和隐藏了：

```
// lib/pages/login.dart
FocusNode emailFocusNode;
FocusNode passwordFocusNode;

@override
void initState() {
  super.initState();
  emailFocusNode = FocusNode();
  passwordFocusNode = FocusNode();
}

@override
void dispose() {
  super.dispose();
  emailFocusNode.dispose();
  passwordFocusNode.dispose();
}


@override
Widget build(BuildContext context) {
  return GestureDetector(
    onTap: () {
      emailFocusNode.unfocus();
      passwordFocusNode.unfocus();
    },
```

```
    child: Scaffold(
      body: SingleChildScrollView(
        ...
        child: Column(
          crossAxisAlignment: CrossAxisAlignment.stretch,
          children: <Widget>[
            TextField(
              decoration: InputDecoration(
                hintText: '请输入邮箱',
                labelText: '邮箱',
              ),
              focusNode: emailFocusNode,
            ),
            TextField(
              decoration: InputDecoration(
                hintText: '请输入六位以上的密码',
                labelText: '密码',
              ),
              obscureText: true,
              focusNode: passwordFocusNode,
            ),
          ],
          ...
        ),
      ),
    );
}
```

这种方式如果针对数量比较少的 TextField，可能还行得通，一旦页面中 TextFiled 的数量很多，就必须写很多重复性的代码。还好，我们可以有更优雅的方式。在 Flutter 中，焦点都是由 FocusManager 管理的，每个 TextFiled 都会持有一个 FocusNode 的实例。当某个 TextFiled 被单击后，该 TextFiled 持有的 FocusNode 就会作为 primaryFocus 为 FocusManager 所持有。我们可以通过调用 primaryFocus 的 unfocus 方法来收起键盘：

```
// lib/pages/login.dart
FocusNode emailFocusNode;
FocusNode passwordFocusNode;

@override
void initState() {
  super.initState();
  emailFocusNode = FocusNode();
  passwordFocusNode = FocusNode();
}

@override
void dispose() {
  super.dispose();
  emailFocusNode.dispose();
  passwordFocusNode.dispose();
}
```

```
@override
Widget build(BuildContext context) {
  return GestureDetector(
    onTap: () {
      emailFocusNode.unfocus();
      passwordFocusNode.unfocus();
      FocusManager.instance.primaryFocus?.unfocus();
    },
    child: Scaffold(
      body: SingleChildScrollView(
        ...
        child: Column(
          crossAxisAlignment: CrossAxisAlignment.stretch,
          children: <Widget>[
            TextField(
              decoration: InputDecoration(
                hintText: '请输入邮箱',
                labelText: '邮箱',
              ),
              focusNode: emailFocusNode,
            ),
            TextField(
              decoration: InputDecoration(
                hintText: '请输入六位以上的密码',
                labelText: '密码',
              ),
              obscureText: true,
              focusNode: passwordFocusNode,
            ),
          ],
          ...
        ),
      ),
    ),
  );
}
```

当有多个 TextFiled 时，我们也可以通过给 TextFiled 设置 `textInputAction` 的方式来控制键盘右下角按钮的类型，当 `textInputAction` 的取值为 `next` 时，单击键盘右下角的按钮就会将焦点转移到下一个 TextFiled。下面将 `textInputAction` 的取值设置为 `next`：

```
...
TextField(
  decoration: InputDecoration(
    hintText: '请输入邮箱',
    labelText: '邮箱',
  ),
  textInputAction: TextInputAction.next,
),
...
```

代码中的细节

　　当我们使用各种 Widget 搭建 UI 框架时，Flutter 除了使用 Widget 构建对应的树形结构，也会基于 FocusManager 即相关的 FocusNode 构建一棵 FocusNode 树。我们可以使用 debugDumpFocusTree 方法将这棵树在控制台打印出来，上面例子中的树形结构大致如下：

```
I/flutter (21836): FocusManager#db7c0
I/flutter (21836):  │ primaryFocus: FocusNode#3a673([PRIMARY FOCUS])
I/flutter (21836):  │ primaryFocusCreator:
I/flutter (21836):  │   EditableText-[LabeledGlobalKey<EditableTextState>#854f8] ←
I/flutter (21836):  │   UnmanagedRestorationScope ← RepaintBoundary ← _Decorator ←
I/flutter (21836):  │   InputDecorator ← AnimatedBuilder ← _PointerListener ←
Listener
I/flutter (21836):  │   ← RawGestureDetector ← TextSelectionGestureDetector ←
Semantics
I/flutter (21836):  │   ← AnimatedBuilder ← IgnorePointer ← _RawMouseRegion ←
I/flutter (21836):  │   MouseRegion ← TextField ← Column ← Padding ← Column ←
Container
I/flutter (21836):  │   ← …
I/flutter (21836):  │
I/flutter (21836):  └─rootScope: FocusScopeNode#a8cf6(Root Focus Scope
                            [IN FOCUS PATH])
I/flutter (21836):     │ IN FOCUS PATH
I/flutter (21836):     │ focusedChildren: FocusScopeNode#01dde(Navigator Scope
[IN FOCUS
I/flutter (21836):     │   PATH])
I/flutter (21836):     │
I/flutter (21836):     └─Child 1: FocusNode#270c8(Shortcuts [IN FOCUS PATH])
I/flutter (21836):        │ context: Focus
I/flutter (21836):        │ NOT FOCUSABLE
I/flutter (21836):        │ IN FOCUS PATH
I/flutter (21836):        │
I/flutter (21836):        └─Child 1: FocusNode#62710(FocusTraversalGroup
                               [IN FOCUS PATH])
I/flutter (21836):           │ context: Focus
I/flutter (21836):           │ NOT FOCUSABLE
I/flutter (21836):           │ IN FOCUS PATH
I/flutter (21836):           │
I/flutter (21836):           └─Child 1: FocusScopeNode#01dde(Navigator Scope
                                  [IN FOCUS PATH])
I/flutter (21836):              │ context: FocusScope
I/flutter (21836):              │ IN FOCUS PATH
I/flutter (21836):              │ focusedChildren: FocusScopeNode#c5eee
                                     (_ModalScopeState<dynamic>
I/flutter (21836):              │   Focus Scope [IN FOCUS PATH])
I/flutter (21836):              │
I/flutter (21836):              └─Child 1: FocusScopeNode#c5eee(_ModalScopeState
                                     <dynamic> Focus Scope [IN FOCUS PATH])
I/flutter (21836):                 │ context: FocusScope
I/flutter (21836):                 │ IN FOCUS PATH
```

```
I/flutter (21836):        | focusedChildren: FocusNode#3a673
                              ([PRIMARY FOCUS])
I/flutter (21836):        |
I/flutter (21836):        ├─ Child 1: FocusNode#3a673([PRIMARY FOCUS])
I/flutter (21836):        |    context: EditableText-[LabeledGlobalKey
                                 <EditableTextState>#854f8]
I/flutter (21836):        |    PRIMARY FOCUS
I/flutter (21836):        |
I/flutter (21836):        ├─ Child 2: FocusNode#3aae4
I/flutter (21836):        |    context: EditableText-[LabeledGlobalKey
                                 <EditableTextState>#eedc2]
I/flutter (21836):        |
I/flutter (21836):        ├─ Child 3: FocusNode#8a275
I/flutter (21836):        |    context: Focus
I/flutter (21836):        |    NOT FOCUSABLE
I/flutter (21836):        |
I/flutter (21836):        └─ Child 4: FocusNode#43e65
I/flutter (21836):             context: Focus
I/flutter (21836):
```

除了两个 TextField 会创建出 FocusNode 外，下方的 FlatButton 和 InkWell 也会创建出 FocusNode，这也说明"焦点"这个概念并不是 TextField 的专属。

仔细看整个树的层级，除了 FocusNode，还有 FocusScopeNode 的存在，这里我们可以简单地将它理解为一组 FocusNode 的集合，用于将同级的 FocusNode 汇聚成一个作用域。从最根部的 FocusManager 开始，直到 TextFiled 所在的 FocusNode，中间还出现了不少其他 FocusNode，这些都是 MaterialApp 创建出来的，一般我们不必过于关心。

了解了 FocusNode 树的结构后，我们还可以回头了解一下为什么前面在使用 FocusNode 的时候需要转换成 StatefulWidget。可以尝试对之前使用 FocusNode 隐藏键盘的代码做一些小修改，将两个 FocusNode 的创建放到 build 方法中实现，然后在 build 方法中间隔一帧将 FocusNode 树打印出来：

```
// lib/pages/login.dart
@override
Widget build(BuildContext context) {
  emailFocusNode = FocusNode();
  passwordFocusNode = FocusNode();
  WidgetsBinding.instance.addPostFrameCallback((timeStamp) {
    debugDumpFocusTree();
  });
```

在这种情况下我们会发现，当键盘出现时，build 方法依旧会被调用，此时两个 TextField 会将 build 方法中刚刚创建出来的 FocusNode 作为参数进行更新，而由于这两个 FocusNode 是刚刚创建出来的，都不是 primaryFocus，也就导致对这两个 FocusNode 调用 unfocus 方法或者对 primaryFocus 调用 unfocus 方法都不会起作用，只有利用 StatfulWidget 保证两个 TextField 每次调用 build 方法时接收到的 FocusNode 都是相同的，才能保证其功能逻辑正常。

8.3.3   为文本输入框增加校验逻辑

现在我们还需要为输入框增加校验逻辑。只有当输入的邮箱和密码都通过输入条件以后，登录按钮才可以被单击。在这里，我们希望邮箱文本框中的输入内容包含 @ 字符，同时密码输入框的输入内容长度需要大于六位。最简单的实现方法就是直接在 TextFiled 的回调方法中进行判断。

接下来，我们在 _LoginPageState 中定义一个布尔变量，我们会使用这个布尔变量来表示当前是否可以让登录页面中的登录按钮可以被单击。

```dart
// lib/pages/login.dart
class _LoginPageState extends State<LoginPage>{
  bool canLogin;

  ...

  @override
  void initState() {
    super.initState();
    canLogin = false;
  }
  @override
  Widget build(BuildContext context) {
    ....
      child: FlatButton(
        onPressed: canLogin ? () {} : null,
        child: Text(
          '登录',
          style: TextStyle(
            color: Colors.white,
          ),
        ),
        ...
      ),
    ...
  }
}
```

此时我们已经可以用一个变量来控制登录按钮是否可以被单击了。之后我们还要更改这个变量。使用 TextField 的文本监听回调方法，每当输入框的文本发生变化时，就能够获取到当前两个输入框中的文本，然后按照我们之前提到的规则进行校验。同时，我们可以使用 TextEditingController 来获取两个输入框中当前包含的文本内容。具体代码如下：

```dart
// lib/pages/login.dart
class _LoginPageState extends State<LoginPage>{
  bool canLogin;

  TextEditingController _emailController = TextEditingController();
  TextEditingController _passwordController = TextEditingController();
```

```
@override
Void initState(){...}

void _checkInputValid(String _) {
  // 这里的参数写成 _ 表示在这里我们没有使用这个参数，这是一种比较约定俗称的写法
  bool isInputValid = _emailController.text.contains('@') &&
    _passwordController.text.length >= 6;
  if (isInputValid == canLogin) {
    return;
  }
  setState(() {
    canLogin = isInputValid;
  });
}

@override
Widget build(BuildContext context) {
  FocusNode passwordFocusNode = FocusNode();
  return Scaffold(
    body: SingleChildScrollView(
      child: ConstrainedBox(
        ...
            children: <Widget>[
              TextField(
                decoration: InputDecoration(
                  hintText: '请输入邮箱',
                  labelText: '邮箱',
                ),
                textInputAction: TextInputAction.next,
                onChanged: _checkInputValid,
                controller: _emailController,
              ),
              TextField(
                focusNode: passwordFocusNode,
                decoration: InputDecoration(
                  hintText: '请输入六位以上的密码',
                  labelText: '密码',
                ),
                obscureText: true,
                onChanged: _checkInputValid,
                controller: _passwordController,
              ),
            ],
          ),
        ),
      ...
      ),
    ),
  );
}
...
}
```

将此代码保存，我们就可以看到一开始的登录按钮是不能被单击的，只有在输入框中输入符合规则的内容后，登录按钮才可以被单击，如图 8-30 所示。

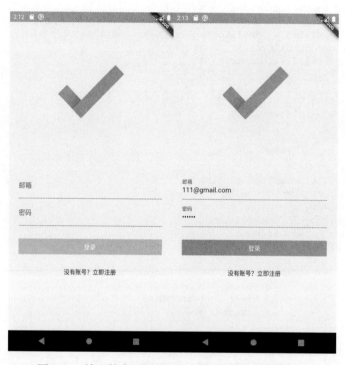

图 8-30   输入符合规则的文本，登录按钮才可被单击

8.4   小结

本章中，我们从最简单的布局开始，一步步地实现了整个登录页面。在填充整个页面的过程中，我们也进一步对 TextField 有了更深的了解，也了解了 FocusNode 的一些基本原理，同时了解了 InheritWidget 的大致原理。在下一章中，我们会进一步学习如何完成页面跳转。

第 9 章
跳转到第二个页面

在第 8 章，我们已经实现了一个非常简单的"登录"页面。除此之外，我们的待办事项应用还需要有一个"注册"页面，并且需要能够在"登录"页面和"注册"页面之间跳转。本章中，我们会给注册按钮增加实际的实现，让用户能够通过单击注册按钮跳转到注册页面。同时，借这个机会我们也可以了解一下在 Flutter 中如何实现两个页面之间的跳转。

9.1 简单的页面跳转

要完成页面之间的跳转，需要先构建一个新的页面，叫"注册"页面。在 pages 目录下创建一个新的 dart 文件，命名为 register.dart，然后在这个页面中，搭建一个最简单的页面框架，并为这个页面添加最简单的页面内容：

```
// lib/pages/register.dart
import 'package:flutter/material.dart';

class RegisterPage extends StatelessWidget {
  @override
  Widget build(BuildContext context) {
    return Scaffold(
      body: Center(
        child: Text('注册页面'),
      ),
    );
  }
}
```

接下来，让"登录"页面跳转到这个页面。为了做到这一点，我们需要修改"登录"页面中注册按钮的事件处理函数，这里我们写了一段最简单的页面跳转代码：

```
// lib/pages/register.dart
onTap: () => Navigator.of(context).push(
  MaterialPageRoute(
    builder: (_) => RegisterPage(),
  ),
),
```

这段代码很简单，保存更改以后，单击"立即注册"按钮，就可以看到原有的"登录"页面消失了，取而代之的是刚刚构建的最简单的"注册"页面。那么，这一小段代码是如何起作用的呢？这将在接下来的 9.1.1 节中揭晓。

9.1.1　Navigator 初探：简单的路由跳转

在第 8 章构建"登录"页面的过程中，我们已经通过获取 MediaQuery 简单了解了 InheritedWidget 这一特殊 Widget，也了解了我们可以通过 `MediaQuery.of` 方法获取当前 Widget 层级结构中的 MediaQuery。上方页面跳转代码中的 `Navigator.of` 方法的作用和之前 `MediaQuery.of` 方法的作用是一样的，都是让我们获取到 Widget 层级结构中的 Navigator。

可能大家一开始就会想，这里获取的 Navigator 是谁创建的呢？实际上，当我们使用 MaterialApp 或者 WidgetApp 的时候，这些 Widget 就会自动为我们创建出一个 Navigator。

紧接着可以看到，我们向 Navigator 的 `push` 方法传入了一个 `MaterialPageRoute` 的实例，这是 Route 类的一个子类。为什么我们要向 Navigator 传入它，而不是传入一个代表"页面"的 Widget 呢？

原因在于，在页面跳转的过程中，我们不仅需要新页面的 Widget，还有可能需要自定义各种各样的页面跳转样式，也就是接下来要说的过渡（Transition）效果。除此之外，一个页面还有可能需要其他的一些描述信息。因此，Flutter 框架没有直接使用一个 Widget，而是将前面提到的所有东西封装到一个称作 Route 的对象中统一管理起来。

在 Flutter 中，如果对过渡效果没有特殊需求，就可以使用这个 `MaterialPageRoute` 来完成页面之间的跳转。`MaterialPageRoute` 为我们封装了一些默认的跳转行为：Android 系统中的新页面会从页面下方出现，而 iOS 系统中的新页面会从页面右侧出现，如图 9-1 所示。

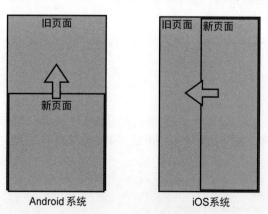

图 9-1　Android 系统和 iOS 系统中新页面的默认出现方式

如果想从"注册"页面返回"登录"页面，实现也非常简单，只要利用 Navigator 的 pop 方法就可以了，具体如下：

```
// lib/pages/register.dart

class RegisterPage extends StatelessWidget {
  @override
  Widget build(BuildContext context) {
    return Scaffold(
      body: Center(
        child: GestureDetector(
          child: Text('注册页面'),
          onTap: () => Navigator.of(context).pop(),
        ),
      ),
    );
  }
}
```

Navigator 在内部维护了一个名为 History 的栈，这个栈保存着我们用到的 Route 对象。很自然地，除了 push 方法，Navigator 还为我们提供了很多方法来操作跳转到新页面的形式，如图 9-2 和图 9-3 所示。

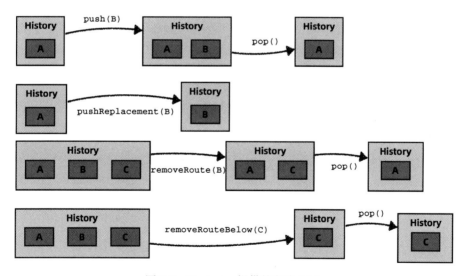

图 9-2 Navigator 提供的方法（1）

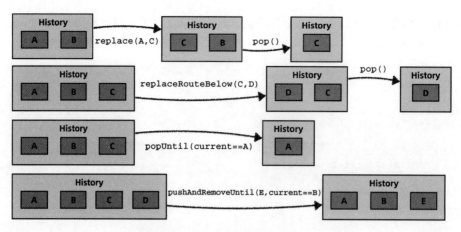

图 9-3　Navigator 提供的方法（2）

需要注意的小细节

图 9-4 中的对话框在 Flutter 中被称作 Dialog。

图 9-4　Dialog 示例

这个对话框是通过 showDialog 方法展示出来的。当我们需要取消弹出的 Dialog 时，需要使用 Navigator.of(context).pop()。这也说明，当我们使用 showDialog 方法展示弹窗的时候，其实相当于压栈了一个新页面。也就是说，此时 Navigator 中的 History 栈也有了新的内容。除了 showDialog 方法，showMenu 方法和 showModalBottomSheet 方法也会在 Navigator 的 History 栈中创建新内容。这个设计和 Android 系统中的设计是一致的，如果你是从 iOS 或者前端转来的开发者，可能会对此产生一些困惑。

9.1.2　Navigator 再探：命名路由

前面这种直接向 Navigator 中传入一个路由的方式虽然很简单，但在实际的应用开发过程中，如果页面的数量非常多，这种方式并不利于他人直观地了解我们的应用到底包含多少个页面。因此，在实际的开发过程中，我们一般会使用一种叫作命名路由的方式来实现页面之间的跳转。

所谓命名路由，就是在应用的入口处直接将所有的页面和一个个 URL 字符串分别对应起来。我们只需要在 main.dart 文件中提前设置好所有的路由表即可，就像这样：

```
// lib/main.dart
...
home: LoginPage(),
initialRoute: '/',
routes: {
  '/': (conetxt) => LoginPage(),
  '/register': (conetxt) => RegisterPage(),
},
...
```

这样一来，需要执行页面跳转的时候，直接向 Navigator 传入跳转后页面对应的 URL，就可以完成这次页面跳转了：

```
// lib/pages/login.dart
onPressed: () => Navigator.of(context).pushNamed('/register');
```

为了减少实际编程中手动输入 URL 的麻烦，我们还可以为这些 URL 定义一些常量，这样方便我们在使用时输入这些 URL：

```
// lib/pages/route_url.dart
const LOGIN_PAGE_URL = '/';
const REGISTER_PAGE_URL = '/register';

// lib/main.dart
initialRoute:LOGIN_PAGE_URL,
routes:{
  LOGIN_PAGE_URL:(conetxt)=>LoginPage(),
  REGISTER_PAGE_URL:(conetxt)=>RegisterPage(),
```

```
},

// lib/pages/login.dart
onTap:()=>Navigator.of(context).pushNamed(REGISTER_PAGE_URL);
```

这里我们用 initialRoute 这个 API 替换了 home API，用来指定一开始进入应用时看到的第一个页面。要注意，这两个 API 同时使用的时候，initialRoute 的优先级更高。

关于上述代码中的 initialRoute 参数，还有一个小细节值得注意。当我们给它传入一个以 / 开头的字符串时，Navigator 并不是直接将我们传入的这个字符串展示出来，而是尝试将该字符串的内容作为“deep link”来设置首页。例如，我们将“登录”页面设置为 /login，然后将这个字符串传给 initialRoute，那么应用在启动的时候会将 History 栈里的元素设置为 / 和 /login，也就是说，启动进入首页后如果想退出，就会退出到 / 这个页面。不过，如果 / 页面不存在，这个退出过程就会被忽略。在我们的例子中，由于我们没有注册 / 对应的页面，因此 /login 只会将首页设置为一个页面。

9.1.3　Navigator 终探：路由传参

页面之间除了互相跳转，还会出现的一种情况是当页面 A 跳转到页面 B 的时候，需要给 B 传入一些参数，我们把这种情况称为路由传参。我们可以为目前这个简单版本的“注册”页面增加一个新的功能：展示前一个页面的类名称以及前一个页面的 URL，就像图 9-5 所示的那样。

图 9-5　展示当前页面的名称及前一个页面的类名称、URL

Flutter 为我们提供的参数传递 API 允许我们传递 Object 类型的对象作为参数。因此为了顺利地从这个 API 中获取我们所传递的参数，同时也为了维护代码，我们首先需要为这个参数创建一个模型类：

```
// lib/pages/register.dart

class RegisterPageArgument {
  final String className;
  final String url;

  RegisterPageArgument(this.className, this.url);
}
```

接下来，我们需要在页面跳转的时候，将这个参数传递给 Navigator：

```
// lib/pages/register.dart
...

class LoginPage extends StatefulWidget {
  ...

  void _gotoRegister() {
    Navigator.of(context).pushNamed(
      REGISTER_PAGE_URL,
      arguments: RegisterPageArgument(
        'LoginPage',
        LOGIN_PAGE_URL,
      ),
    );
  }
}
```

然后在"注册"页面，我们可以从 context 中利用 ModalRoute 获得传递过来的页面参数：

```
// lib/pages/register.dart
...
class RegisterPage extends StatelessWidget {
  @override
  Widget build(BuildContext context) {
    final RegisterPageArgument argument = ModalRoute.of(context).settings.arguments;

    return Scaffold(
      body: Center(
        child: GestureDetector(
          child: Text('注册页面，从${argument.className}-${argument.url}跳转而来'),
          onTap: () => Navigator.of(context).pop(),
        ),
      ),
```

9.2　为页面跳转添加自定义的过渡效果

在 9.1 节的例子中，我们已经对从一个页面跳转到另一个页面的过程非常熟悉了，也基本了解了命名路由带给我们的各种便利，接下来我们把目光转向路由的另一个重要特性：过渡效果。

本节中，我们会为待办事项应用增加一个自定义的过渡效果，让我们的应用从"登录"页面跳转到"注册"页面的时候，能够不以默认的 `MaterialPageRoute` 的效果展示，而是以渐变的形式完成页面过渡。

9.2.1　实现渐变的页面过渡

创建自定义的页面过渡效果实际上非常简单，我们只需要改动少许的代码就可以完成这个功能：

```dart
// lib/main.dart
...
final Map<String, WidgetBuilder> routes = {
  LOGIN_PAGE_URL: (context) => LoginPage(),
  REGISTER_PAGE_URL: (context) => RegisterPage(),
};

class MyApp extends StatelessWidget {
  // 当前的 MyApp 是整个应用的根 Widget
  @override
  Widget build(BuildContext context) {
    ...
    initialRoute: LOGIN_PAGE_URL,
    home: routes[LOGIN_PAGE_URL](context),
    routes: {
      LOGIN_PAGE_URL: (context) => LoginPage(),
      REGISTER_PAGE_URL: (context) => RegisterPage(),
    },
    onGenerateRoute: (RouteSettings settings) {
      if ([REGISTER_PAGE_URL].contains(settings.name)) {
        return PageRouteBuilder(
          settings: settings,
          pageBuilder: (context, _, __) => routes[settings.name](context),
          transitionsBuilder: (context, animation, secondaryAnimation, child) {
            return FadeTransition(
              opacity: animation,
              child: child,
            );
          },
        );
      }
      return MaterialPageRoute(
        builder: routes[settings.name],
        settings: settings,
      );
```

```
    },
  );
}
```

代码虽然很短，但是瞬间出现了很多看起来非常陌生的元素。不过没有关系，下面我们会一点点地了解这段代码。

9.2.2　了解页面过渡的原理

首先出现的是 PageRouteBuilder。我们前面提到过，在 Flutter 中，Route 这个类负责构建页面 Widget 和实现页面过渡效果等。自然地，当我们想要自定义页面的过渡效果时，最直接的想法就是继承 Route 类，创建一个它的子类。但是这并不是一个好办法，因为需要我们自己重写的内容会非常多。为了减少自定义过渡效果的工作量，Flutter 提供了 PageRouteBuilder 这个子类，让我们能够非常简单地创建一个自定义的页面过渡效果。

从 Route 相关的类继承图中，我们可以看到，PageRouteBuilder 位于整个继承关系的底层，如图 9-6 所示。

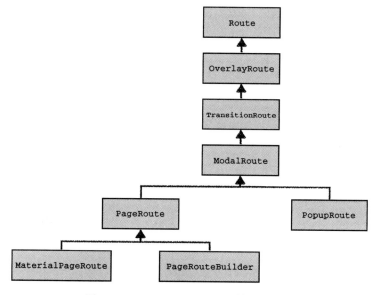

图 9-6　PageRouteBuilder 的继承关系

在使用 PageRouteBuilder 的过程中，我们需要给其 pageBuilder 属性传入 RoutePageBuilder 类型的参数，这个类型的完整定义是这样的：

```
typedef RoutePageBuilder = Widget Function(BuildContext context,
                                Animation<double> animation,
                                Animation<double> secondaryAnimation);
```

虽然 RoutePageBuilder 类型除了传入 context，还传入了两个 Animation 参数，但由于这里的代码中并不需要使用这两个参数，因此分别用 _ 和 __ 代替它们。在 pageBuilder 属性传入的函数中，我们和之前一样，返回了 RegisterPage 的实例。

接下来我们需要看一下 PageRouteBuilder 的另一个重要参数：transitionsBuilder。对于 PageRouteBuilder 来说，pageBuilder 参数只负责创建它所要跳转的页面，transitionsBuilder 才是真正定义动画效果的出现位置的。

先来看看在 transitionsBuilder 中，我们做了什么：

```
transitionsBuilder: (context, animation, secondaryAnimation, child) {
  return FadeTransition(
    opacity: animation,
    child: child,
  );
},
```

在 transitionsBuilder 中，我们返回了一个 FadeTransition 的实例，这个实例接收传入的 animation 和 child 为参数，child 其实就是 pageBuilder 参数的返回值。看起来很简单，但为什么 FadeTransition 可以完成这种淡入淡出的动画效果呢？原因在于，从我们单击注册按钮一直到注册页面完全出现的这段时间内，transitionsBuilder 会受到持续的调用，第一次被调用的时候，animation 的值为 0；而当最后一次被调用的时候，animation 的值为 1。我们可以在 transitionsBuilder 中增加一个输出语句，来确认一下：

```
transitionsBuilder: (context, animation, secondaryAnimation, child) {
  return FadeTransition(
    debugPrint('animation is $animation');
    opacity: animation,
    child: child,
  );
},
```

然后进行一次页面的跳转，就可以看到控制台输出了很多以下这样的日志：

```
I/flutter(16121):animation is AnimationController#19fb7(▶
0.222;forPageRouteBuilder<dynamic>)⇨ProxyAnimation
I/flutter(16121):animation is AnimationController#19fb7(▶
0.295;forPageRouteBuilder<dynamic>)⇨ProxyAnimation
I/flutter(16121):animation is AnimationController#19fb7(▶
0.353;forPageRouteBuilder<dynamic>)⇨ProxyAnimation
...
I/flutter(16121):animation is AnimationController#19fb7(▶
0.931;forPageRouteBuilder<dynamic>)⇨ProxyAnimation
I/flutter(16121):animation is AnimationController#19fb7(▶
0.989;forPageRouteBuilder<dynamic>)⇨ProxyAnimation
I/flutter(16121):animation is AnimationController#19fb7(▶
1.000;paused;forPageRouteBuilder<dynamic>)⇨ProxyAnimation
```

　　FadeTransition 的作用则在于，根据我们传入的 opacity 参数的不同，调整 child 的透明度。看到这里，我们不难猜出，自定义过渡效果的实质，就是在执行页面跳转的过程中，不停地调用 transitionsBuilder，然后创建出新的具有不同透明度的 RegisterPage。而当从"注册"页面返回"登录"页面时，这个过程正好相反。我们来看看返回"登录"页面时的日志：

```
I/flutter(16121):animation is AnimationController#19fb7(◀
1.000;forPageRouteBuilder<dynamic>)⇨ProxyAnimation
I/flutter(16121):animation is AnimationController#19fb7(◀
0.802;forPageRouteBuilder<dynamic>)⇨ProxyAnimation
I/flutter(16121):animation is AnimationController#19fb7(◀
0.747;forPageRouteBuilder<dynamic>)⇨ProxyAnimation
...
I/flutter(16121):animation is AnimationController#19fb7(◀
0.162;forPageRouteBuilder<dynamic>)⇨ProxyAnimation
I/flutter(16121):animation is AnimationController#19fb7(◀
0.104;forPageRouteBuilder<dynamic>)⇨ProxyAnimation
I/flutter(16121):animation is AnimationController#19fb7(◀
0.047;forPageRouteBuilder<dynamic>)⇨ProxyAnimation
```

　　除了 FadeTransition，在 Flutter 里我们还可以使用很多预置的过渡动画，如表 9-1 所示。

表 9-1　预置的转场效果及其参数、实现

名　　称	child 以外的必填参数	示例视频
FadeTransition	Animation<double>opacity	
AlignTransition	Animation<AlignmentGeometry>alignment	
DecoratedBoxTransition	Animation<Decoration>decoration	
DefaultTextStyleTransition	Animation<TextStyle>style	

（续）

名　　称	child 以外的必填参数	示例视频
PositionedTransition	Animation<RelativeRect>rect	
RelativePositionedTransition	Animation<Rect>rect	
RotationTransition	Animation<double>turns	
ScaleTransition	Animation<double>scale	
SizeTransition	Animation<double>sizeFactor	
SlideTransition	Animation<Offset>position	

相信大家在了解了过渡动画的原理后，直接从这些新过渡动画的名字就可以看出它们的用法。

9.3　完善我们的"注册"页面

到目前为止，我们已经基本了解了如何从一个页面跳转到另一个页面，现在是时候把目光移回"注册"页面了。"注册"页面的内容和"登录"页面的基本相似，因此这里我们不会像构建"登录"页面那样展示详细的构建过程，而是挑选其中略有不同的地方做重点说明。完整的代码可以参考我们提供的工程代码。

从图9-7中我们可以看到,"注册"页面和"登录"页面的主要区别在于,"注册"页面中顶部的图片是需要用户进行选择的。另外,我们还需要微调一下"登录"页面和"注册"页面之间的跳转逻辑。接下来,我们看看如何用代码实现这两部分功能。

图 9-7 "注册"页面

9.3.1 处理"注册"页面中的用户头像

观察"注册"页面中的用户头像部分,这里我们使用了一个默认的用户头像,这个头像的照片可以在 assets/images/default_avatar.png 路径下找到。注意,我们这里也需要在 pubsepc.yaml 文件中增加对这一照片资源的引用:

```
// pubsepc.yaml
assets:
    - assets/images/mark.png
    - assets/images/defalut_avatar.png
```

考虑到 assets/images 目录下还有很多其他的资源文件,我们也可以直接将这个目录下的资源全部引入:

```
// pubsepc.yaml
assets:
    - assets/images/
```

考虑到这里的用户头像是圆形的，我们可以直接使用 CircleAvatar 这个 Widget 来实现默认的用户头像：

```
child: FractionallySizedBox(
  child: CircleAvatar(
    backgroundColor:Colors.transparent,
    radius:48,
    backgroundImage:AssetImage('assets/images/default_avatar.png'),
  ),
  widthFactor: 0.4,
  heightFactor: 0.4,
),
```

还可以注意到，用户头像的右上角有一个加号图标，我们可以直接使用 Flutter 内置的 Icon Widget 中的 add 方法来实现这个加号图标。同时，我们可以为这个 Icon Widget 增加一个装饰器来实现其外部的绿色背景。外部这种嵌套层级的布局，我们可以使用栈来实现：

```
child: FractionallySizedBox(
  child: Stack(
    fit: StackFit.expand,
    children: <Widget>[
      CircleAvatar(
        backgroundColor: Colors.transparent,
        radius: 48,
        backgroundImage: AssetImage(
          'assets/images/default_avatar.png',
        ),
      ),
      Positioned(
        right: 20,
        top: 5,
        child: Container(
          decoration: BoxDecoration(
            borderRadius: BorderRadius.all(
              Radius.circular(17),
            ),
            color: Color.fromARGB(255, 80, 210, 194),
          ),
          child: Icon(
            Icons.add,
            size: 34,
            color: Colors.white,
          ),
        ),
      ),
    ],
  ),
  widthFactor: 0.4,
  heightFactor: 0.4,
),
```

这里我们将栈的 `fit` 属性值设置为 `StackFit.expand`，表示把 avatar 这种没有指定位置的组件拉伸到和栈一样大。

这样一来，就实现了设计稿上的效果。接下来我们需要为用户头像增加事件处理机制，实现当单击用户头像的时候，从相册中选择图片并替换这里默认的用户头像。

为了能够获取用户相册中的图片，需要引入一个第三方的 dart 包：image_picker。

```
// pubspec.yaml
...
dependencies:
  flutter:
    sdk: flutter
  flutter_localizations:
    sdk: flutter
  flutter_cupertino_localizations: ^1.0.1

  # The following adds the Cupertino Icons font to your application.
  # Use with the CupertinoIcons class for iOS style icons.
  cupertino_icons: ^0.1.3
  image_picker: ^0.6.7
...
```

接下来我们需要创建一个 `File` 类型的变量，来存储用户选择的图片。然后使用 image_picker 提供的 `getImage` 方法就可以从相册中选择图片了：

```
class _RegisterPageState extends State<RegisterPage> {
  ...
  final picker = ImagePicker();
  File image;

  void _getImage() async {
    PickedFile pickedFile = await picker.getImage(source: ImageSource.gallery);
    setState(() {
      image = File(pickedFile.path);
    });
  }
  ...
}
```

这里我们为了简单起见，给 `getImage` 方法传入的 `source` 参数为 `ImageSource.gallery`，表示将从用户的本地相册中选择头像。

接下来，在 `build` 方法中使用从相册里获取的图片即可：

```
// lib/pages/register.dart

Widget build() {
  return GestureDetector(
    ...
    child: GestureDetector(
      onTap: _getImage,
```

```
      child: FractionallySizedBox(
        child: Stack(
          fit: StackFit.expand,
          children: <Widget>[
            CircleAvatar(
              backgroundColor: Colors.transparent,
              radius: 48,
              backgroundImage: image == null
                ? AssetImage(
                  'assets/images/default_avatar.png',
                )
                : FileImage(image),
            ),
            Positioned(
              ...
            ),
          ],
        ),
        widthFactor: 0.4,
        heightFactor: 0.4,
      ),
    ),
  ...
}
```

注意

　　如果我们使用的是 iOS 的模拟器，那么在引入 image_picker 包以后还需要对工程做一些设置，才能正常使用这个包。

　　具体地，需要打开工程下的 /ios/Runner/Info.plist 文件，补充如下几个字段内容。

　　-NSPhotoLibraryUsageDescription：这里我们需要填写获取用户图片权限的原因，例如"获取您的图片权限以上传用户头像"，在编辑器中这个字段可能展示为 Privacy-PhotoLibraryUsageDescription。

　　-NSCameraUsageDescription：这里我们需要填写获取用户相机权限的原因，例如"获取您的相机权限以拍摄用户头像"，在编辑器中这个字段可能会展示为 Privacy-CameraUsageDescription。不过在我们的应用中，并不需要申请这个权限。

　　-NSMicrophoneUsageDescription：这里我们需要填写获取用户麦克风权限的原因，例如"获取您的麦克风权限以拍摄录像"，在编辑器中这个字段可能会展示为 Privacy-MicrophoneUsageDescription。不过在我们的应用中，也不需要申请这个权限。

　　现在，我们就可以从本地相册中选择图片作为用户头像，并更新在"注册"页面上了，如图 9-8 所示。

图 9-8 从本地相册选择的用户头像

9.3.2 处理"登录"页面与"注册"页面之间的跳转逻辑

当构建好"注册"页面的时候,我们意识到"登录"页面和"注册"页面在业务逻辑上需要相互跳转,这时就不能简单地在"注册"页面通过 pop 方法返回"登录"页面了,而需要通过 pushReplacementNamed 方法来让两个页面进行跳转:

```
// lib/pages/login.dart
...
child:Text('立即注册'),
onTap:(){
  Navigator.of(context).pushReplacementNamed(REGISTER_PAGE_URL);
}
...
// lib/pages/register.dart
child:Text('直接登录'),
onTap:(){
  Navigator.of(context).pushReplacementNamed(LOGIN_PAGE_URL);
},
...
```

为了保证相互跳转的效果保持一致,我们也需要将跳转"登录"页面的过渡效果更改为渐变。这里直接在 main.dart 文件中修改之前的路由跳转判断规则即可:

```
// lib/main.dart
...
,
home: routes[LOGIN_PAGE_URL](context),
onGenerateRoute: (RouteSettings settings) {
 if ([REGISTER_PAGE_URL, LOGIN_PAGE_URL].contains(settings.name)) {
   return PageRouteBuilder(
     settings: settings,
   );
 }
...
```

9.4   小结

本章中我们主要学习了路由相关的知识，也尝试了使用自定义的页面过渡效果，同时实现了和"登录"页面十分相似的"注册"页面的基本逻辑。目前，我们还都只是完成了一些比较简单的业务逻辑，下一章中将会尝试构建一个比较复杂的"列表"页面，在那里我们会学习一些更为复杂的逻辑。

第10章
待办事项应用的灵魂——"列表"页面

本章中我们要开始实现待办事项应用中比较核心的页面——"列表"页面，我们主要会学习如何使用 Flutter 构建带有 BottomNavigationBar 的页面，同时学习 ListView 的基本使用方式。

10.1　构建带有 BottomNavigationBar 的页面

从设计稿（图 7-3）中可以看到，从"登录"页面进入主页面后，主页面的下方有 5 个按钮，分别对应 5 个不同的页面。因此在这里，我们首先需要构建 1 个入口页面，以及由入口页面引出的 5 个页面。先在 lib/pages 目录下将这 6 个页面构建出来，给这 6 个页面分别按如下这样命名。

- ❑ todo_entry.dart：作为前置页面，承载所有的页面。
- ❑ todo_list.dart：展示包含所有待办事项的列表的页面。
- ❑ calendar.dart：展示待办事项日历的页面。
- ❑ edit_todo.dart：待办事项的编辑页面。
- ❑ reporter.dart：所有待办事项的报告展示页面。
- ❑ about.dart：简单的设置页面，我们可以从这个页面退出登录。

我们先在 todo_list.dart、calendar.dart、report.dart、about.dart 这几个页面中填充一些非常简单的内容——让它们仅在页面的中间展示页面名称，下面仅仅展示出"关于"页面（about.dart）的代码，其他几个页面也是类似的：

```
// lib/pages/about.dart
...
import 'package:flutter/material.dart';

class AboutPage extends StatelessWidget {
  const AboutPage({Key key}) : super(key: key);

  @override
  Widget build(BuildContext context) {
```

```
    return Scaffold(
      appBar: AppBar(
        title: Text('关于'),
      ),
      body: Center(
        child: Text(
          this.runtimeType.toString(),
        ),
      ),
    );
  }
}
...
```

然后不要忘了在 main.dart 和 route_url.dart 文件中注册我们的 TodoEntryPage：

```
// lib/const/route_url.dart
...
const TODO_ENTRY_PAGE_URL = '/entry';
...


// lib/main.dart
...
final Map<String, WidgetBuilder> routes = {
  LOGIN_PAGE_URL: (context) => LoginPage(),
  REGISTER_PAGE_URL: (context) => RegisterPage(),
  TODO_ENTRY_PAGE_URL: (context) => TodoEntryPage(),
};

class MyApp extends StatelessWidget {
  @override
  Widget build(BuildContext context) {
  ...
    const Locale('en'),
    const Locale('zh', 'CN'),
    ],
    home: routes[TODO_ENTRY_PAGE_URL](context),
    ...
  }
}
```

10.1.1　创建 BottomNavigationBar

现在我们来看看 todo_entry.dart 文件中的内容，和其他几个页面的内容类似：

```
// lib/pages/todo_entry.dart
...
import 'package:flutter/material.dart';

class TodoEntryPage extends StatelessWidget {
  const TodoEntryPage({Key key}) : super(key: key);
```

```
@override
Widget build(BuildContext context) {
  return Scaffold(
    body: Center(
      child: Text(
        this.runtimeType.toString(),
      ),
    ),
  );
}
}
```

可能大家曾在多个地方见到过 Scaffold 这个 Widget，其主要作用是方便我们构建可能在每个页面都重复出现的一些页面布局内容。

例如，几乎每个页面都可以分为导航栏（AppBar）和导航栏下的主体（body）两部分，如果没有 Scaffold，就需要我们自己去布局这两部分。除此之外，我们还可以利用 Scaffold 实现页面底部的 tab 按钮、安卓中的抽屉布局等常用的页面布局方式。要注意的是，Scaffold 是 material 库的一部分，因此只能帮助我们实现一些在安卓上常见的页面结构，如果需要实现 iOS 上的页面结构，则可以使用 CupertinoPageScaffold 或者 CupertinoTabScaffold。

接下来我们需要实现页面底部的 tab 按钮，使用到的 Widget 是 BottomNavigationBar，在使用过程中，需要关心它的如下几个属性。

❏ Items：表示按钮栏（TabBar）中每个按钮的具体设置，这里我们传递给它的参数都是 BottomNavigationBarItem 类型的，注意这并不是一个 Widget，而是一个普通的配置对象。

❏ onTap：当某个按钮被单击后的回调函数，我们需要在这里修改当前选中的页面索引。

❏ currentIndex：当前被选中的页面的索引。

❏ type：底部的 TabBar 的类型。

关于 BottomNavigationBar 的类型

BottomNavigationBar 有两种不同的类型，分别是 fixed 和 shifting。如果我们不显式指定是哪种类型，那么当 Items 属性中数组元素的个数少于 4 时，BottomNavigationBar 会自动被设置为 fixed 类型，反之会被设置为 shifting 类型。被设置为 fixed 类型时，所有的 item 不管是否被单击，位置都是固定的。而被设置为 shifting 类型时，被单击的 item 会偏移一些位置。fixed 类型和 shifting 类型的区别如图 10-1 所示。

图 10-1 fixed 类型和 shifting 类型的区别

我们再来看看需要给 Items 属性传入的参数的类型——BottomNavigationBarItem。对于 BottomNavigationBarItem 来说，我们需要关心它的以下 3 个参数。

❑ activeIcon：当 item 被单击时的图标。

❑ icon：正常情况下的 icon。

❑ title：icon 下方的标题。

activeIcon 和 icon 接收任意类型的 Widget，不过我们一般会在这里传入 material 库中的 Icons Widget 或者利用 ImageIcon Widget 从图片中创建我们的 icon。在我们给出的 demo 中的 assets/images 目录下，已经准备好了对应的图片资源，我们可以直接使用。

首先我们将我们预设的颜色统一放置在 lib/config/colors.dart 中：

```
// lib/config/colors.dart

const Color activeTabIconColor = Color(0xff50D2C2);
const Color inactiveTabIconColor = Colors.black;
```

接下来在 TodoEntryPage 中新增一个创建 BottomNavigationBarItem 对象的方法 _buildBottomNavigationBarItem：

```
// lib/pages/todo_entry.dart
...
class TodoEntryPage extends StatelessWidget {
  const TodoEntryPage({Key key}) : super(key: key);
```

```
BottomNavigationBarItem _buildBottomNavigationBarItem(
  String imagePath, {
  double size,
  bool singleImage = false,
}) {
  if (singleImage) {
    return BottomNavigationBarItem(
      icon: Image(
        width: size,
        height: size,
        image: AssetImage(imagePath),
      ),
      label: '',
    );
  }
  ImageIcon activeIcon = ImageIcon(
    AssetImage(imagePath),
    size: size,
    color: activeTabIconColor,
  );
  ImageIcon inactiveImageIcon = ImageIcon(
    AssetImage(imagePath),
    size: size,
    color: inactiveTabIconColor,
  );
  return BottomNavigationBarItem(
    activeIcon: activeIcon,
    icon: inactiveImageIcon,
    label: '',
  );
}
...
}
```

在创建的这个私有方法中，我们会根据传入的图片的地址创建对应的 `BottomNavigation-BarItem`。需要注意的是，虽然在创建 `BottomNavigationBarItem` 的时候，我们可以不设置 `label`，但是在 BottomNavigationBar 中会有对应的 assert 检查 `BottomNavigationBarItem` 是否存在 `label`，如果不存在就会抛出异常，因此这里我们还是需要给 `BottomNavigationBarItem` 传入一个空的 `label`。

接下来，我们暂时先创建一个空白的 `_onTabChange` 方法：

```
// lib/pages/todo_entry.dart
```

```
_onTabChange(int index) {}
```

然后在 Scaffold 中添加我们的 BottomNavigationBar：

```
// lib/pages/todo_entry.dart
...
```

```
@override
Widget build(BuildContext context) {
  return Scaffold(
    bottomNavigationBar: BottomNavigationBar(
      onTap: _onTabChange,
      currentIndex: 0,
      type: BottomNavigationBarType.fixed,
      items: <BottomNavigationBarItem>[
        _buildBottomNavigationBarItem('assets/images/lists.png'),
        _buildBottomNavigationBarItem('assets/images/calendar.png'),
        _buildBottomNavigationBarItem(
          'assets/images/add.png',
          size: 50,
          singleImage: true,
        ),
        _buildBottomNavigationBarItem('assets/images/report.png'),
        _buildBottomNavigationBarItem('assets/images/about.png'),
      ],
    ),
    ...
  }
...
```

保存这段代码，得到的效果如图 10-2 所示，可以看到目前 BottomNavigationBar 的样子已经和设计稿差不多了。

图 10-2   创建完 BottomNavigationBar 的应用首页

10.1.2　使用 StatefulWidget 完成页面转换

现在，BottomNavigationBar 的样子已经有了，但是并不能在单击 BottomNavigationBar 中的按钮后切换页面。本节我们就来看看如何让 BottomNavigationBar 真正地"动"起来，其实很简单，大体的实现思路分以下几步。

① 当 BottomNavigationBar 的 `onTap` 方法被调用时，需要修改传入的 `currentIndex` 的值。

② 同时需要修改 Scaffold 中 body 里的 Widget。

③ 针对中间比较特殊的用作添加待办事项的按钮，我们需要做到当这个按钮被单击的时候，不修改 `currentIndex` 的值，而是跳转到一个新的页面。

首先，将 TodoEntryPage 转换为 StatefulWidget 类型：

```
// lib/pages/todo_entry.dart
...

class TodoEntryPage extends StatefulWidget {
  const TodoEntryPage({Key key}) : super(key: key);

  @override
  _TodoEntryPageState createState() => _TodoEntryPageState();
}

class _TodoEntryPageState extends State<TodoEntryPage> {
  BottomNavigationBarItem _buildBottomNavigationBarItem(
    String imagePath, {
    double size,
...
}
```

接下来，需要在 _TodoEntryPageState 中增加一个新的变量 `currentIndex`，并在状态初始化方法 `initState` 中对其进行初始化：

```
// lib/pages/todo_entry.dart
...

class _TodoEntryPageState extends State<TodoEntryPage> {
  int currentIndex;

  @override
  void initState() {
    super.initState();
    currentIndex = 0;
  }
  ...
}
```

然后，我们需要大幅度修改 _TodoEntryPageState 的 `build` 方法，让它能够根据

currentIndex 展示不同的 AppBar 和 body 中的 Widget：

```
// lib/pages/todo_entry.dart
...

class _TodoEntryPageState extends State<TodoEntryPage> {
  int currentIndex;
  List<Widget> pages;

  @override
  void initState() {
    super.initState();
    currentIndex = 0;
    pages = <Widget>[
      TodoListPage(),
      CalendarPage(),
      Container(),
      ReporterPage(),
      AboutPage(),
    ];
  }

  BottomNavigationBarItem _buildBottomNavigationBarItem(
    ...
    return Scaffold(
      bottomNavigationBar: BottomNavigationBar(
        onTap: _onTabChange,
        currentIndex: currentIndex,
        type: BottomNavigationBarType.fixed,
        items: <BottomNavigationBarItem>[
          _buildBottomNavigationBarItem('assets/images/lists.png'),
          ...
          _buildBottomNavigationBarItem('assets/images/about.png'),
        ],
      ),
      body: pages[currentIndex],
    );
  }
}
...
```

完成以上工作后，还有最为重要的一个工作，就是在 _onTabChange 中响应按钮的单击事件，这里我们使用 setState 方法将 currentIndex 修改并重新触发 build 方法：

```
// lib/pages/todo_entry.dart
...

  _onTabChange(int index) {
    setState(() {
      currentIndex = index;
    });
  }
...
```

保存这段代码，得到的效果如图 10-3 所示，会发现我们已经可以在几个页面之间跳转了。

图 10-3　在几个页面之间跳转

10.1.3　用正确的方式构建 body

到目前为止，貌似一切都很完美，我们已经将这个页面的雏形构建出来了。但是在这个地方，需要注意一个细节：我们的 body 中的内容，是在每次执行 `build` 方法的时候构建的。这种方式会导致每个页面都会在单击的时候重新生成，页面中的状态无法得到保留，同时效率也很低下。

在这里我们可以对"列表"页面做一个小修改，来进一步展示这个问题：

```
// lib/pages/todo_list.dart
...
        title: Text('清单'),
      ),
      body: Center(
        child: TextField(),
      ),
...
```

在"列表"页面中，我们把原本展示的 Text 组件替换为 TextFiled 组件，并在文本框中输入一些文字，然后切换到别的页面，再切回来，会发现刚在文本框中输入的文字不见了，如图 10-4 所示。

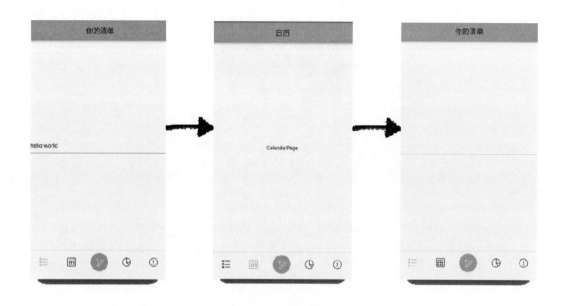

图 10-4　页面跳转回来后输入框中的文字无法保存

　　这是什么原因导致的？要解释清楚这个问题，需要从 Flutter 框架如何利用 Widget 构建页面说起。

　　在 Flutter 中，我们在 build 方法中返回的所有的 Widget 都会根据 Widget 的层级关系，构建出一个一一对应的 Element 树，如图 10-5 所示。

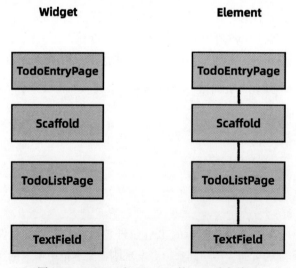

图 10-5　Widget 和 Element 的一一对应关系

> **注意**
>
> 　　虽然在很多文档中可能会有"Widget 树"这样的描述，但实际上 Widget 不是严格意义上的树形结构，很多 Widget 并不会保存自己孩子节点的引用。
>
> 　　除了 Element 树，还有一棵树，叫作 RenderObject 树，不过这里我们还涉及不到这一层，先不讨论这棵树。

Element 树的更新规则有很多，这里我们只需要先了解最简单的几个：

- ❏ 如果新生成的 Widget 树和 Element 树中对应 Widget（即图 10-5 中 Element 左边的 Widget）的类型不同，那么新的 Widget 树会替换 Element 树中不同的部分。
- ❏ 如果对应 Widget 的类型相同，那么 Element 树不会更改对应位置的 Element。

有了以上两条规则作为理论基础，再来看看当我们切换页面时 Element 树发生的变化，如图 10-6 所示。

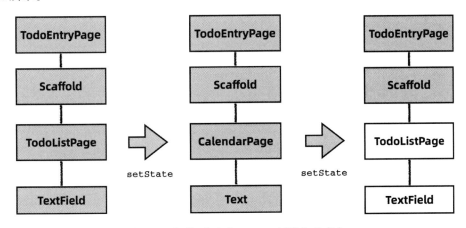

图 10-6　切换页面时 Element 树发生的变化

　　可以看到，在第一次点击触发 setState 方法后，由于 Scaffold 的孩子节点已经从 TodoListPage 变成了 CalendarPage，因此之前在 TodoListPage 中的 TextField 组件里存储的文本内容已经完全丢失了。而在第二次点击后，我们创建出来的是全新的 TodoListPage 和 TextField 的 Element，和之前的 TextField 一点关系都没有，所以会看到输入的内容不见了。

　　要解决这个问题，就要想办法让一开始创建出来的 TodoListPage 在 setState 方法被触发后还能继续存在。好在 Flutter 提供了一个 Widget 帮助我们完成这个事情，这个 Widget 就是 IndexedStack，只需要对代码做如下的小修改即可：

```
// lib/pages/todo_entry.dart
...
        _buildBottomNavigationBarItem('assets/images/about.png'),
      ],
    ),
    body: IndexedStack(
      children: pages,
      index: currentIndex,
    ),
  );
}
}
...
```

在第一次创建 IndexedStack 后，它会帮我们持有所有页面的 Element，同时会根据 index 来决定真正展示哪一个 Element，因此在触发 setState 方法后，Element 树的结构并没有变化，从而得以让我们输入的内容保留下来，如图 10-7 所示。

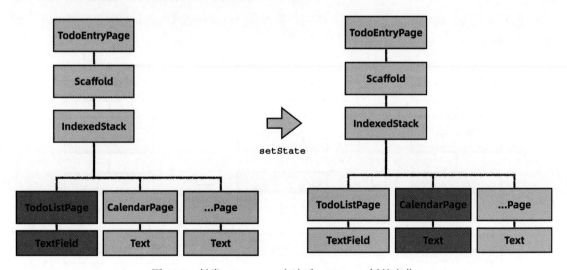

图 10-7　触发 setState 方法后，Element 树的变化

保存代码并更新，得到的效果如图 10-8 所示，能够发现此时切换页面后，我们输入的内容得到了保留。

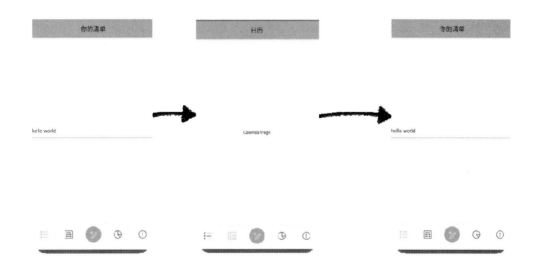

图 10-8 切换页面后输入框的内容会被保留

10.2 使用 ListView 构建页面

本节我们会专注于构建待办事项应用中最重要的一个页面："列表"页面。在这个页面中，我们会学习如何使用 ListView，这几乎是所有应用都需要使用到的 Widget。

10.2.1 准备数据

在上手写代码之前，先来看一下我们所要构建的待办事项列表中，每一个待办事项都有哪些内容，具体内容如表 10-1 所示。

表 10-1 每个待办事项包含的具体字段名称

字　　段	类　　型	作　　用
id	String	作为待办事项的唯一标识，用于区分不同的待办事项
title	String	待办事项的标题
description	String	待办事项的详细内容
startTime	TimeOfDay	开始的时间
endTime	TimeOfDay	结束的时间
isStar	bool	是否为标星待办事项
isFinished	bool	待办事项是否完成
priority	int	待办事项的优先级，该项值越小代表优先级越高
date	DateTime	待办事项的开始日期

我们先在 lib/model 目录下创建一个 todo.dart 文件，用来存放我们的 Todo 类：

```
// lib/model/todo.dart
...

class Todo {
  /// id
  final String id;

  /// 标题
  String title;

  /// 详细内容
  String description;

  /// 日期
  DateTime date;

  /// 开始时间
  TimeOfDay startTime;

  /// 结束时间
  TimeOfDay endTime;

  /// 是否完成
  bool isFinished;

  /// 是否为标星待办事项
  bool isStar;

  Todo({
    String id,
    this.title = "",
    this.description = "",
    this.date,
    this.startTime = const TimeOfDay(hour: 0, minute: 0),
    this.endTime = const TimeOfDay(hour: 0, minute: 0),
    this.isFinished = false,
    this.isStar = false,
  }) : this.id = id ?? generateNewId() {
    // 如果开始时间为空，则设置其值为当前时间
    if (date == null) {
      date = DateTime.now().dayTime;
    }
  }

  static Uuid _uuid = Uuid();

  static String generateNewId() => _uuid.v1();
}
...
```

为了方便给每个待办事项都创建唯一的 id，我们这里使用到了 uuid 包：

```
// pubspec.yaml
...
  # Use with the CupertinoIcons class for iOS style icons.
  cupertino_icons: ^0.1.3
  image_picker: ^0.6.7
  uuid: ^2.2.0

...
```

除了一些代办事项的基本信息，我们还需要优先级这样相对较为复杂的字段。我们希望优先级本身是一个可以记录多个信息的枚举值，但很可惜的是，Dart 语言中的枚举值并不支持增加更多类型的信息，因此这里我们只能采取静态类的方法来实现迂回：

```
// lib/model/todo.dart
...

class Priority {
  ///  优先级对应的数值，如 0
  final int value;

  ///  优先级对应的文字描述，如非常重要
  final String description;

  ///  优先级对应的颜色，如红色
  final Color color;

  const Priority._(this.value, this.description, this.color);

  ///  重写 == 运算符
  ///  如果两个 Priority 对象的 value 相等，则这两个 Priority 对象相等
  ///  如果一个 Priority 对象的 value 和一个整型值相等，则它们相等
  @override
  bool operator ==(other) => other is Priority && other.value == value || other == value;

  ///  若重写 == 运算符，必须同时重写 hashCode 方法
  @override
  int get hashCode => value;

  ///  判断当前的 Priority 对象是否比另一个 Priority 对象更加重要
  ///  这里的逻辑就是，谁的 value 值更小，谁的优先级就更高
  bool isHigher(Priority other) => other != null && other.value > value;

  ///  支持用整型值创建 Priority 对象
  factory Priority(int priority) => values.firstWhere((e) => e.value == priority,
    orElse: () => Low);

  ///  下面定义了允许用户使用的 4 个枚举值
  static const Priority High = Priority._(0, '高优先级', Color(0xFFE53B3B));
  static const Priority Medium = Priority._(1, '中优先级', Color(0xFFFF9400));
  static const Priority Low = Priority._(2, '低优先级', Color(0xFF14D4F4));
  static const Priority Unspecific = Priority._(3, '无优先级', Color(0xFF50D2C2));

  static const List<Priority> values = [
```

```
    High,
    Medium,
    Low,
    Unspecific,
  ];
}

class Todo {
...

  /// 优先级
  Priority priority;
...
    this.date,
    this.startTime = const TimeOfDay(hour: 0, minute: 0),
    this.endTime = const TimeOfDay(hour: 0, minute: 0),
    this.priority = Priority.Unspecific, // 该项值越小代表优先级越高
    this.isFinished = false,
    this.isStar = false,
...
```

在实际的待办事项对比过程中，会在很多地方对待办事项的开始日期进行对比，因此我们预先写好一些对开始日期的扩展：

```
// lib/extension/date_time.dart
...
extension DateTimeUtils on DateTime {
  DateTime get dayTime => DateTime(year, month, day);

  bool isSameDay(DateTime other) =>
    year == other.year && month == other.month && day == other.day;

  bool isSameYear(DateTime other) => year == other.year;
}
...
```

除此之外，为了使我们能够在拥有实际数据之前方便地创建出很多待办事项的模拟数据，我们可以使用一个叫作 mock_data 的包来帮我们生成大量模拟数据：

```
// pubspec.yaml
...
  cupertino_icons: ^0.1.3
  image_picker: ^0.6.7
  uuid: ^2.2.0
  mock_data: ^1.0.0

dev_dependencies:
  flutter_test:

// lib/utils/generate_todo.dart
...
import 'package:flutter/material.dart';
import 'package:mock_data/mock_data.dart';
```

```
import 'package:todo_list/model/todo.dart';

List<Todo> generateTodos(int length) {
  List<Priority> priorities = [
    Priority.Unspecific,
    Priority.Medium,
    Priority.Medium,
    Priority.High,
  ];
  return List.generate(length, (i) {
    DateTime date = mockDate(DateTime(2019, 1, 1));
    DateTime startTime = date.add(Duration(hours: mockInteger(1, 9)));
    DateTime endTime = startTime.add(Duration(hours: mockInteger(1, 9)));
    return Todo(
      title: '${mockName()} - ${mockString()}',
      priority: priorities[mockInteger(0, 3)],
      description: mockString(30),
      date: date,
      startTime: TimeOfDay.fromDateTime(startTime),
      endTime: TimeOfDay.fromDateTime(endTime),
      isFinished: mockBool(),
      isStar: mockBool(),
    );
  });
}

bool mockBool() => mockInteger(0, 1) > 0;
```

数据已经准备好了，接下来我们看看如何修改"列表"页面，将这些代办事项展示出来。

10.2.2　用 ListView 展示待办事项

在第一部分的 6.3.1 节中，我们已经阐释了 ListView 的用法，这里就不再赘述。下面会直接采用 ListView 组件的 `builder` 构造方法来构建 ListView：

```
// lib/pages/todo_list.dart
...

class TodoListPage extends StatefulWidget {
  const TodoListPage({Key key}) : super(key: key);

  @override
  _TodoListPageState createState() => _TodoListPageState();
}

class _TodoListPageState extends State<TodoListPage> {
  List<Todo> todoList;

  @override
  void initState() {
    super.initState();
```

```
    todoList = generateTodos(100);
  }

  @override
  Widget build(BuildContext context) {
    return Scaffold(
      appBar: AppBar(
        title: Text('清单'),
      ),
      body: ListView.builder(
        itemCount: todoList.length,
        itemBuilder: (context, index) {
          return TodoItem(todo: todoList[index]);
        },
      ),
    );
  }
}
...
```

这里比较复杂的部分在于如何构建 ListView 中的每一项。我们首先把每一项抽象为一个单独的 StatelessWidget：

```
// lib/pages/todo_list.dart

class TodoItem extends StatelessWidget {
  final Todo todo;

  const TodoItem({Key key, this.todo}) : super(key: key);

  @override
  Widget build(BuildContext context) {
    return Container();
  }
}
...
```

我们来看下单个待办事项的设计图，如图 10-9 所示，并思考应该如何实现这张图里的几种状态。

已完成   标星   普通

图 10-9   待办事项的几种状态

有了之前在构建"登录"页面时积累的经验，面对这样的页面内容，我们可以很轻松地对其像图 10-10 所示的这样进行划分。

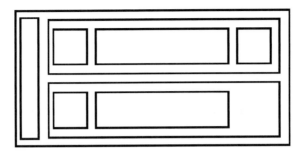

图 10-10　待办事项的布局划分

首先我们可以用 Container 的边框颜色表示待办事项的优先级，同时使用 opacity 区分待办事项是否完成，搭建出一条待办事项的布局雏形：

```
// lib/pages/todo_list.dart
...

  @override
  Widget build(BuildContext context) {
    return Opacity(
      opacity: todo.isFinished ? 0.3 : 1.0,
      child: Container(
        decoration: BoxDecoration(
          color: Colors.white,
          border: Border(
            left: BorderSide(
              width: 2,
              color: todo.priority.color,
            ),
          ),
        ),
        margin: const EdgeInsets.all(10.0),
        padding: const EdgeInsets.fromLTRB(10.0, 20.0, 10.0, 20.0),
        height: 110,
      ),
    );
  }
}
...
```

接下来，我们来构建一条待办事项中的第一行内容：

```
// lib/pages/todo_list.dart
...
        margin: const EdgeInsets.all(10.0),
        padding: const EdgeInsets.fromLTRB(10.0, 20.0, 10.0, 20.0),
```

```
          height: 110,
        child: Column(
          mainAxisAlignment: MainAxisAlignment.spaceBetween,
          children: <Widget>[
            Row(
              mainAxisAlignment: MainAxisAlignment.spaceBetween,
              children: <Widget>[
                Row(
                  children: <Widget>[
                    Image.asset(
                      todo.isFinished
                          ? 'assets/images/rect_selected.png'
                          : 'assets/images/rect.png',
                      width: 25,
                      height: 25,
                    ),
                    Padding(
                      padding: const EdgeInsets.fromLTRB(10, 0, 10, 0),
                      child: Text(todo.title),
                    ),
                  ],
                ),
                Container(
                  child: Image.asset(
                    todo.isStar
                        ? 'assets/images/star.png'
                        : 'assets/images/star_normal.png',
                  ),
                  width: 25,
                  height: 25,
                ),
              ],
            ),
          ],
        ),
      ),
    );
}
```

对于第二行内容的构建，我们可以如法炮制：

```
// lib/model/todo.dart
...
  /// 是否为标星待办事项
  bool isStar;

  String get timeString {
    String dateString = date.compareTo(DateTime.now()) == 0 ? 'today' :
      '${date.year}/${date.month}/${date.day}';
```

```
    if (startTime == null || endTime == null) {
      return dateString;
    }
    return '$dateString ${startTime.hour}:${startTime.minute} -
      ${endTime.hour}:${endTime.minute}';
  }

...

// lib/pages/todo_list.dart
...
@override
Widget build(BuildContext context) {
  return Opacity(
    opacity: todo.isFinished ? 0.3 : 1.0,
    child: Container(
      ...
      child: Column(
        mainAxisAlignment: MainAxisAlignment.spaceBetween,
        children: <Widget>[
          ...
          Row(
            children: <Widget>[
              Image.asset(
                'assets/images/group.png',
                width: 25.0,
                height: 25.0,
              ),
              Padding(
                padding: EdgeInsets.fromLTRB(10, 0, 0, 0),
                child: Text(
                  todo.timeString,
                ),
              )
            ],
          ),
        ],
      ),
    ),
  );
}
```

　　保存代码，得到的效果如图 10-11 所示，可以看出我们构建出来的 ListView 已经和设计图差不多了。

图 10-11   构建完成后的 ListView

10.3   为 ListView 增加简单的事件交互

我们在 10.2 节中已经构建好了列表单元行，接下来就是添加些用户交互了，这里我们需要完成以下几个事件。

- 点击左边的选择框，表示待办事项已完成。
- 点击右边星星，表示给待办事项加标记。
- 点击待办事项后，跳转到"编辑 TODO"页面或者"查看 TODO"页面。
- 长按待办事项后，弹出 Dialog 询问用户是否确认删除。

10.3.1   为待办事项添加事件回调

首先需要为待办事项增加一些事件回调：

```
// lib/pages/todo_list.dart
...

typedef TodoEventCallback = Function(Todo todo);

class TodoItem extends StatelessWidget {
```

```
  final Todo todo;
  final TodoEventCallback onStar;
  final TodoEventCallback onFinished;
  final TodoEventCallback onTap;
  final TodoEventCallback onLongPress;

  const TodoItem({
    Key key,
    this.todo,
    this.onStar,
    this.onFinished,
    this.onTap,
    this.onLongPress,
  }) : super(key: key);

  @override
  Widget build(BuildContext context) {
  ...
}
```

然后需要在必要的地方用 GestureDetector 将点击事件和事件回调关联起来：

```
// lib/pages/todo_list.dart
...
@override
Widget build(BuildContext context) {
  return Opacity(
    ...
    child: Container(
      ...
      child: GestureDetector(
        onTap: () => onTap(todo),
        onLongPress: () => onLongPress(todo),
        child: Column(
          ...
          children: <Widget>[
            Row(
              ...
              children: <Widget>[
                Row(
                  children: <Widget>[
                    GestureDetector(
                      onTap: () => onFinished(todo),
                      child: Image.asset(
                        ...
                      ),
                    ),
                    Padding(
                      ...
                    ),
                  ],
                ),
                GestureDetector(
                  onTap: () => onStar(todo),
```

```
                          child: Container(
                            ...
                          ),
                        ),
                      ],
                    ),
                    Row(
                      ...
                    ),
                  ],
                ),
              ),
            ),
          );
}
```

10.3.2　添加事件回调的具体逻辑

接下来，我们在 ListView 中的 itemBuilder 里填充具体的事件处理逻辑：

```
// lib/pages/todo_list.dart
class _TodoListPageState extends State<TodoListPage> {
  ...
  @override
  Widget build(BuildContext context) {
    return Scaffold(
      ...
      body: ListView.builder(
        itemCount: todoList.length,
        itemBuilder: (context, index) {
          return TodoItem(
            todo: todoList[index],
            onFinished: (Todo todo) {
              setState(() {
                todo.isFinished = !todo.isFinished;
              });
            },
            onStar: (Todo todo) {
              setState(() {
                todo.isStar = !todo.isStar;
              });
            },
          );
        },
      ),
    );
    ...
  }
}
```

跳转到"查看 TODO"页面的逻辑比较简单，只需要在"编辑 TODO"页面创建对应的 URL
以及跳转参数即可：

```
// lib/const/route_argument.dart
import 'package:todo_list/model/todo.dart';

class RegisterPageArgument {
  final String className;
  final String url;

  RegisterPageArgument(this.className, this.url);
}

enum OpenType {
  Add,
  Edit,
  Preview,
}

class EditTodoPageArgument {
  final OpenType openType;
  final Todo todo;

  EditTodoPageArgument({this.openType, this.todo});
}
...

// lib/const/route_url.dart
const LOGIN_PAGE_URL = '/login';
const REGISTER_PAGE_URL = '/register';
const TODO_ENTRY_PAGE_URL = '/entry';
const EDIT_TODO_PAGE_URL = '/edit';
// lib/main.dart
...
  LOGIN_PAGE_URL: (context) => LoginPage(),
  REGISTER_PAGE_URL: (context) => RegisterPage(),
  TODO_ENTRY_PAGE_URL: (context) => TodoEntryPage(),
  EDIT_TODO_PAGE_URL: (context) => EditTodoPage(),
};
```

然后在 todo_list.dart 文件中与 todo_entry.dart 文件中增加对应的跳转回调：

```
// lib/pages/todo_list.dart
...
class _TodoListPageState extends State<TodoListPage> {
  ...

  @override
  Widget build(BuildContext context) {
    return Scaffold(
      ...
      body: ListView.builder(
        ...
        itemBuilder: (context, index) {
          return TodoItem(
            todo: todoList[index],
            onTap: (Todo todo) {
```

```
            Navigator.of(context).pushNamed(
              EDIT_TODO_PAGE_URL,
              arguments: EditTodoPageArgument(
                openType: OpenType.Preview,
                todo: todo,
              ),
            );
          },
          ...
        );
      },
    ),
  );
}
}
```

当然，此时查看待办事项详情的功能并不能实际生效，不过不用担心，我们会在第 11 章中继续完善这个功能。

删除待办事项这一功能的实现原理和前几个功能的类似，不同之处在于这里需要弹出一个 Dialog。关于 Dialog 的构建这里不再赘述，读者可以直接参考我们 Demo 中的 lib/components/ delete_todo_dialog.dart 文件里的代码，其中对 Dialog 中的一些主要 UI 代码做了详细的注释。这里我们仅仅展示删除功能的事件处理逻辑：

```dart
// lib/pages/todo_list.dart
...
class _TodoListPageState extends State<TodoListPage> {
  ...

  @override
  Widget build(BuildContext context) {
    return Scaffold(
      appBar: AppBar(
        title: Text('清单'),
      ),
      body: ListView.builder(
        itemCount: todoList.length,
        itemBuilder: (context, index) {
          return TodoItem(
            ...
            onLongPress: (Todo todo) async {
              bool result = await showCupertinoDialog(
                  context: context,
                  builder: (BuildContext context) {
                    return DeleteTodoDialog(
                      todo: todo,
                    );
                  });
              if (result) {
                setState(() {
                  todoList.remove(todo);
```

```
          });
        }
      },
    );
  },
  ),
  );
  }
}
```

10.3.3　完善列表的排序功能

完成了以上简单的事件回调以后，我们还需要完善一下目前 待办事项应用 中待办事项列表的排序规则。

我们制定的排序规则有如下几点。

① 未完成的待办事项需要排在已完成的待办事项之前。

② 标星的待办事项需要排在未标星的待办事项之前。

③ 高优先级的待办事项需要排在低优先级的待办事项之前。

④ 开始日期较早的待办事项需要排排在开始日期较晚的待办事项之前。

⑤ 结束日期较早的待办事项需要排在结束日期较晚的待办事项之前。

为了能让这些功能得到更好的复用，我们需要将之前在 10.2.2 节中使用的 List 对象抽象为一个单独的 TodoList 模型对象，并把相关的排序规则封装在这个 TodoList 对象中：

```dart
// lib/model/todo_list.dart
...
import 'package:todo_list/model/todo.dart';

class TodoList {
  final List<Todo> _todoList;

  TodoList(this._todoList) {
    _sort();
  }

  int get length => _todoList.length;
  List<Todo> get list => List.unmodifiable(_todoList);

  void add(Todo todo) {
    _todoList.add(todo);
    _sort();
  }

  void remove(String id) {
```

```
    Todo todo = find(id);
    if (todo == null) {
      assert(false, 'Todo with $id is not exist');
      return;
    }
    int index = _todoList.indexOf(todo);
    _todoList.removeAt(index);
  }

  void update(Todo todo) {
    _sort();
  }

  Todo find(String id) {
    int index = _todoList.indexWhere((todo) => todo.id == id);
    return index >= 0 ? _todoList[index] : null;
  }


  /// 对列表中的待办事项排序
  /// 排序规则
  /// 1.未完成的待办事项需要排在已完成的待办事项之前
  /// 2.标星的待办事项需要排在未标星的待办事项之前
  /// 3.高优先级的待办事项需要排在低优先级的待办事项之前
  /// 4.日期较早的待办事项需要排在日期较晚的待办事项之前
  /// 5.结束日期较早的待办事项需要排在结束日期较晚的待办事项之前
  void _sort() {
    _todoList.sort((Todo a, Todo b) {
      if (!a.isFinished && b.isFinished) {
        return -1;
      }
      if (a.isFinished && !b.isFinished) {
        return 1;
      }
      if (a.isStar && !b.isStar) {
        return -1;
      }
      if (!a.isStar && b.isStar) {
        return 1;
      }
      if (a.priority.isHigher(b.priority)) {
        return -1;
      }
      if (b.priority.isHigher(a.priority)) {
        return 1;
      }
      int dateCompareResult = b.date.compareTo(a.date);
      if (dateCompareResult != 0) {
        return dateCompareResult;
      }
      return a.endTime.hour - b.endTime.hour;
    });
  }
}
...
```

接下来，我们需要在 pages/todo_list.dart 文件中将之前直接使用的 `List` 对象改为我们刚刚创建出来的 `TodoList` 对象：

```
// lib/pages/todo_list.dart
...

class TodoListPage extends StatefulWidget {
  ...
}

class _TodoListPageState extends State<TodoListPage> {
  TodoList todoList;

  @override
  void initState() {
    super.initState();\
    todoList = TodoList(generateTodos(100));
  }


  @override
  Widget build(BuildContext context) {
    return Scaffold(
      ...
      body: ListView.builder(
        ...
        itemBuilder: (context, index) {
          return TodoItem(
            todo: todoList.list[index],
            onTap: (Todo todo) {
              Navigator.of(context).pushNamed(
                EDIT_TODO_PAGE_URL,
                ...
            onFinished: (Todo todo) {
              setState(() {
                todo.isFinished = !todo.isFinished;
                todoList.update(todo);
              });
            },
            onStar: (Todo todo) {
              setState(() {
                todo.isStar = !todo.isStar;
                todoList.update(todo);
              });
            },
            onLongPress: (Todo todo) async {
              ...
              });
              if (result) {
                setState(() {
                  todoList.remove(todo.id);
                });
              }
```

```
            },
            ...
          );
      },
    ),
  );
  }
}
...
```

10.4 小结

"列表"页面是我们遇到的第一个内容相对较为复杂的页面，本章我们主要学习了如何构建带有 BottomNavigationBar 的页面，如何使用 ListView 构建一个带有大量类似数据的页面，以及如何为 ListView 中的每一个单元行增加事件交互。

第 11 章

添加、编辑、查看 TODO——待办事项编辑页

在前几章的学习中，我们已经学会了通过组合基本的 Widget 来完成我们的需求。本章我们构建任务编辑页，学习如何对 Widget 进行封装复用，以及如何利用 Form 这个 Widget 构建一个具有复杂表单内容的页面。最后，我们会通过优先级展示框组件，学习如何展示一个弹出菜单。

11.1 构建简单的表单页面

我们先要搭建出表单页面的基本页面框架，然后在表单页面中填充文本类型比较简单的表单项，这部分内容相对比较简单。

11.1.1 搭建页面框架

本节中，我们来看看如何搭建起基本的页面框架。在第 10 章中，我们已经建立了跳转到"编辑 TODO"页面的路由跳转，现在需要对这个页面进行进一步的完善。第一步，当我们从不同的页面进入编辑页时，需要让这个页面的右上角能够根据前一页的页面类型，显示不同类型的按钮，同时可以从查看模式进入编辑模式。要完成这些操作，我们首先需要将"编辑 TODO"页面转变为 StatefulWidget 类型，并添加对应的逻辑：

```
// lib/pages/edit_todo.dart
import 'package:flutter/material.dart';
import 'package:todo_list/const/route_argument.dart';
import 'package:todo_list/model/todo.dart';

class EditTodoPage extends StatefullWidget {
  const EditTodoPage({Key key}) : super(key: key);

  @override
  _EditTodoPageState createState() => _EditTodoPageState();
}

class _EditTodoPageState extends State<EditTodoPage> {
  OpenType _openType;
```

```
Todo _todo;

Map<OpenType, _OpenTypeConfig> _openTypeConfigMap;

@override
void initState() {
  super.initState();

  _openTypeConfigMap = {
    OpenType.Preview: _OpenTypeConfig('查看 TODO', Icons.edit, _edit),
    OpenType.Edit: _OpenTypeConfig('编辑 TODO', Icons.check, _submit),
    OpenType.Add: _OpenTypeConfig('添加 TODO', Icons.check, _submit),
  };
}

@override
void didChangeDependencies() {
  super.didChangeDependencies();
  EditTodoPageArgument arguments = ModalRoute.of(context).settings.arguments;
  _openType = arguments.openType;
  _todo = arguments.todo ?? Todo();
}

@override
Widget build(BuildContext context) {
  return Scaffold(
    appBar: AppBar(
      title: Text(_openTypeConfigMap[_openType].title),
      backgroundColor: Colors.white,
      centerTitle: true,
      actions: <Widget>[
        IconButton(
          icon: Icon(
            _openTypeConfigMap[_openType].icon,
            color: Colors.black87,
          ),
          onPressed: _openTypeConfigMap[_openType].onPressed,
        ),
      ],
    ),
    body: _buildForm(),
  );
}

Widget _buildForm() {
  return Center(child: Text(_openType.toString()));
}

void _edit() {
  setState(() {
    _openType = OpenType.Edit;
  });
}
```

```
    void _submit() {
      Navigator.of(context).pop();
    }
}

class _OpenTypeConfig {
    final String title;
    final IconData icon;
    final Function onPressed;

    const _OpenTypeConfig(this.title, this.icon, this.onPressed);
}
...
```

在上面这段代码中,大部分内容与普通页面的构建有关,除了 `didChangeDependencies` 方法,其中的内容看起来和 `initState` 方法中的内容作用差不多——都是初始化页面的一些初始数据,那为什么我们会将一部分本应该放在 `initState` 方法中的代码放在了这里呢?

原因在于,我们通过 `ModalRoute.of` 这个之前在 InhertWidget 中学习到的方法获取了传递到页面中的参数。在 Flutter 框架中,当 InhertWidget 中带有的"数据"发生变更时,Flutter 框架会通知所有获取过这个"数据"的 Widget "数据"已经变更,而这个变更对应的生命周期方法就是 `didChangeDependencies`。Flutter 框架会在调用 `didChangeDependencies` *方法后继续调用* `build` 方法来更新页面。由于 `initState` 方法在 State 的生命周期中只会调用一次,因此我们不能将 `of` 方法的调用放在 `initState` 方法中。

除此之外,在这个版本的页面代码中,我们只是简单地展示了打开"编辑 TODO"页面的状态,同时在导航栏右侧的按钮被点击时,将当前页面切换到对应状态。接下来,我们将会完善"编辑 TODO"页面的各项功能。

11.1.2 封装带有标题的 LabelGroup 组件

从设计图(图 11-1)中,我们可以很清晰地看出,整个"编辑 TODO"页面主要是由一个可以滚动的 ScrollView 和大量表单项组成的。为了方便抽象复用,我们这里统一将表单项输入框以外的部分抽象为 LabelGroup。

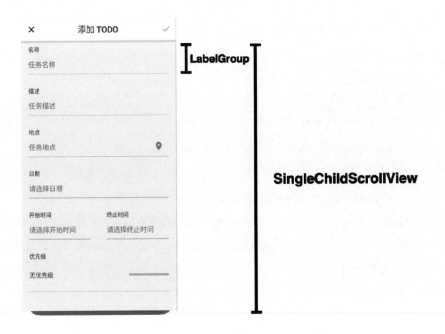

图 11-1 "编辑 TODO"页面的大体划分

我们来看看这个 LabelGroup 是如何封装的：

```
// lib/component/label_group.dart
...
import 'package:flutter/material.dart';

class LabelGroup extends StatelessWidget {
  LabelGroup({
    Key key,
    @required this.labelText,
    this.labelStyle,
    @required this.child,
    this.padding,
  }) : assert(labelText != null),
       assert(child != null),
       super(key: key);

  final String labelText;
  final TextStyle labelStyle;
  final Widget child;
  final EdgeInsetsGeometry padding;

  @override
  Widget build(BuildContext context) {
    return Container(
      padding: padding,
```

```
      child: Column(
        crossAxisAlignment: CrossAxisAlignment.start,
        children: <Widget>[
          Text(
            labelText,
            style: labelStyle ??
              Theme.of(context).inputDecorationTheme?.labelStyle,
          ),
          this.child,
        ],
      ),
    );
  }
}
...
```

在这个封装的组件中，我们允许外界指定顶部标题的内容、字体样式和整个组件内间距的大小。

11.1.3　构建待办事项的标题和描述文本框

借助已经封装好的组件，我们来继续构建表单项：

```
// lib/pages/edit_todo.dart
...

const TextStyle _labelTextStyle = TextStyle(
  color: Color(0xFF1D1D26),
  fontFamily: 'Avenir',
  fontSize: 14.0,
);
const EdgeInsets _labelPadding = const EdgeInsets.fromLTRB(20, 10, 20, 20);
const InputBorder _textFormBorder = UnderlineInputBorder(
  borderSide: BorderSide(
    color: Colors.black26,
    width: 0.5,
  ),
);

class EditTodoPage extends StatefulWidget {
  const EditTodoPage({Key key}) : super(key: key);

  ...

  Widget _buildTextFormField(
    String title,
    String hintText, {
    int maxLines,
    String initialValue,
    FormFieldSetter<String> onSaved,
  }) {
```

```
    TextInputType inputType =
      maxLines == null ? TextInputType.multiline : TextInputType.text;
    return LabelGroup(
      labelText: title,
      labelStyle: _labelTextStyle,
      padding: _labelPadding,
      child: TextFormField(
        keyboardType: inputType,
        validator: (String value) {
          return value.length > 0 ? null : '$title 不能为空';
        },
        onSaved: onSaved,
        textInputAction: TextInputAction.done,
        maxLines: maxLines,
        initialValue: initialValue,
        decoration: InputDecoration(
          hintText: hintText,
          enabledBorder: _textFormBorder,
        ),
      ),
    );
  }
}
...
```

这里我们首次使用了 TextFormField 这个 Widget，为什么在这里要使用它而不是继续使用 TextFiled 呢？我们先在图 11-2 中比较一下二者在属性上的区别。

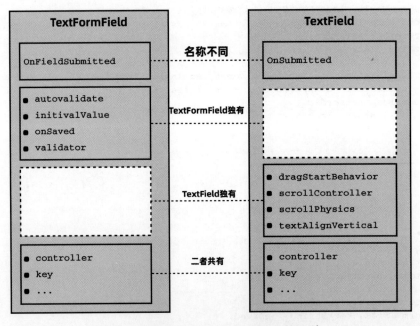

图 11-2　TextFormField 和 TextField 的区别

可以看出，和 TextField 相比，TextFormField 少了一些与控制样式行为相关的属性，多了 4 个与表单提交相关的属性。我们来看看这 4 个属性分别起什么作用。

- ❑ `autovalidate`:用于打开每个 TextFormField 的自动校验功能。当其值设置为 `true` 时，TextFormField 会在每一次文本发生变更时调用 `validator` 属性设置的回调函数校验内容是否正确。
- ❑ `initialValue`：TextFormField 中文本的初始值。
- ❑ `onSaved`：保存 TextFormField 内容的回调函数。当作为父容器的 Form 组件的 `FormState.save` 方法被调用时，每个 TextFormField 都会调用其对应的 `onSaved` 方法。
- ❑ `validator`：校验 TextFormField 内容的回调函数。

我们在搭建"登录"页面时，是在一个方法中校验用户名和密码是否合法，同时在另一个方法中获取所有输入框里的内容以便进行保存。使用 TextFormField 可以帮我们简化这个过程，让我们能够把校验、保存逻辑写在每一个 TextFormField 中，这在我们构建一个内容较多的表单时是非常有利的。了解了以上区别后，我们就可以利用 SingleChildScrollView 来搭建页面基本框架了：

```
// lib/pages/edit_todo.dart
...

  Widget _buildForm() {
    return Center(child: Text(_openType.toString()));
    return SingleChildScrollView(
      child: Form(
        child: Column(
          children: <Widget>[],
        ),
      ),
    );
  }
```

接下来我们需要利用 Form 组件对页面中的众多表单内容进行校验。要实现这个功能，需要借助 GlobalKey 类，使得在 build 方法调用结束后依然可以获取到 Form 这个 StatefulWidget 的状态。使用方法和之前用过的 TextController 类似：

```
// lib/pages/edit_todo.dart
...
  OpenType _openType;
  Todo _todo;

  final GlobalKey<FormState> _formKey = GlobalKey<FormState>();
  Map<OpenType, _OpenTypeConfig> _openTypeConfigMap;

  @override
...
```

```
  }

  void _submit() {
    // validate 方法会触发 Form 组件中所有 TextFormField 的 validator 方法
    if (_formKey.currentState.validate()) {
      // 同样，save 方法会触发 Form 组件中所有 TextFormField 的 onSave 方法
      _formKey.currentState.save();
      Navigator.of(context).pop(_todo);
    }
  }
}
...
```

接下来，我们就利用之前写好的 _buildTextFormField 方法来构建最简单的两个表单项：

```
// lib/pages/edit_todo.dart
...
  Widget _buildForm() {
    return SingleChildScrollView(
      child: Form(
        key: _formKey,
        child: Column(
          children: <Widget>[
            _buildTextFormField(
              '名称',
              '任务名称',
              maxLines: 1,
              initialValue: _todo.title,
              onSaved: (value) => _todo.title = value,
            ),
            _buildTextFormField(
              '描述',
              '任务描述',
              initialValue: _todo.description,
              onSaved: (value) => _todo.description = value,
            ),
          ],
        ),
      ),
    );
```

做完了以上这些工作，我们就可以看到页面上出现了代办事项的标题和描述，并且在点击操作完成后，如果输入的内容不正确，就会出现对应的提示，如图 11-3 所示。

图 11-3　带有错误提示的输入框

11.2　构建较为复杂的日期选择器组件和时间选择器

现在，我们该实现日期选择器和时间选择器了。日期选择器和时间选择器的交互效果相似，都是被点击后弹出一个选择对话框，选择日期和时间之后，页面上会展示选择效果，如图11-4所示。

图 11-4　日期选择器和时间选择器的效果

11.2.1　了解 DatePicker 和 TimePicker

　　要实现图 11-4 中的效果，必须使用 DatePicker 和 TimePicker。DatePicker 和 TimePicker 是分别用来选择日期和时间的组件，一般很少直接使用，更多的是使用 showDatePicker 函数和 showTimePicker 函数。这两个函数对弹出日期对话框和弹出时间对话框的操作做了封装，返回值是选择的日期值和时间值。我们先来看看 showDatePicker 函数的典型用法：

```
Future<DateTime> selectedDate = showDatePicker(
  context: context,
  initialDate: DateTime.now(),
  firstDate: DateTime(2018),
  lastDate: DateTime(2030),
  builder: (BuildContext context, Widget child) {
    return Theme(
      data: ThemeData.dark(),
      child: child,
    );
  },
);
```

　　执行这段代码会弹出一个日期选择器，如图 11-5 所示。这个选择器允许用户从 2018 年和 2030 年之间选择一个日期返回，同时时间的初始选择值被设置为了当前日期。showDatePicker 函数使用 builder 参数给日期选择器指定了黑色主题。

图 11-5　黑色主题的日期选择器

我们再来看看 showTimePicker 函数的典型用法：

```
Future<TimeOfDay> selectedTime = showTimePicker(
  context: context,
  initialTime: TimeOfDay.now(),
  builder: (BuildContext context, Widget child) {
    return Theme(
      data: ThemeData.dark(),
      child: child,
    );
  },
);
```

执行这段代码会弹出一个时间选择器，如图 11-6 所示。这个选择器允许用户选择时间。showTimePicker 函数使用 builder 参数给时间选择器指定了黑色主题。

图 11-6   黑色主题的时间选择器

> **注意**
>
> 使用 showDatePicker 和 showTimePicker 这两个 API 展示出来的选择面板中的文字，其类型取决于系统的语言设置。在我们的待办事项应用中，我们在 main.dart 中利用 supportedLocales 字段声明了我们支持两个类型的语言：英文和中文。如果在模拟器中调试时发现弹出的页面是英文的，可以将模拟器中系统的语言设置为中文。

11.2.2　封装日期选择器和时间选择器

在了解了 showDatePicker 和 showTimePicker 函数的简单用法之后，我们来看看如何在表单页面中使用它们。在表单页面中，我们主要希望能够复用之前的 LabelGroup 制作一个日期或时间的表单项，并在被点击后弹出日期选择器或时间选择器。为了便于复用，我们继续对这样的功能进行封装。

我们将日期选择器封装为一个 DateFieldGroup 组件：

```dart
// lib/component/date_field_group.dart
...

class DateFieldGroup extends StatelessWidget {
  const DateFieldGroup({
    Key key,
    @required this.initialDate,
    @required this.startDate,
    @required this.endDate,
    this.initialDatePickerMode = DatePickerMode.day,
    @required this.child,
    this.onSelect,
  }) : super(key: key);

  final DateTime initialDate;

  final DateTime startDate;

  final DateTime endDate;

  final DatePickerMode initialDatePickerMode;

  final Widget child;

  final Function(DateTime) onSelect;

  @override
  Widget build(BuildContext context) {
    return GestureDetector(
      child: AbsorbPointer(
        child: child,
      ),
      onTap: () async {
        DateTime selectedDate = await showDatePicker(
          context: context,
          initialDate: initialDate,
          firstDate: startDate,
          lastDate: endDate,
          initialDatePickerMode: initialDatePickerMode,
        );
        if (selectedDate != null && onSelect != null) {
          onSelect(selectedDate);
```

```
      }
    },
  );
  }
}
...
```

通过这段代码可以看出，新组件的代码极其简洁，大部分属性还是 `showDatePicker` 函数中的属性。而 child 属性用于将 TextFileld 组件传递进来，而且可以让用户决定用什么组件显示日期。这样，新组件就具有了很好的扩展性。

对时间选择器的封装也是类似的，不过要更加简单一些：

```dart
// lib/component/time_filed_group.dart
...
import 'package:flutter/foundation.dart';
import 'package:flutter/material.dart';

class TimeFieldGroup extends StatelessWidget {
  const TimeFieldGroup({
    Key key,
    @required this.initialTime,
    @required this.child,
    this.onSelect,
  }) : super(key: key);

  final TimeOfDay initialTime;
  final Widget child;
  final Function(TimeOfDay) onSelect;

  @override
  Widget build(BuildContext context) {
    return GestureDetector(
      child: AbsorbPointer(
        child: child,
      ),
      onTap: () async {
        TimeOfDay timeOfDay = await showTimePicker(
          context: context,
          initialTime: initialTime,
        );
        if (timeOfDay != null && onSelect != null) {
          onSelect(timeOfDay);
        }
      },
    );
  }
}
...
```

11.2.3　构建日期选择器和时间选择器

如何使用我们新封装的组件呢？我们是仿照 TextField 组件实现的新组件，所以像使用 TextField 组件那样去使用新封装的组件就行了。下面我们给待办事项创建页添加"日期选择框"。首先，需要利用我们已经封装好的组件来构建具体的 UI，首先是日期选择器：

```dart
// lib/extension/date_time.dart
...
  String get dateString => '$year/$month/$day';
}
...

// lib/pages/edit_todo.dart
...
const TextStyle _labelTextStyle = TextStyle(
...

  final TextEditingController _dateTextEditingController = TextEditingController();

  @override
  void initState() {
...
    _todo = arguments.todo ?? Todo();
    _dateTextEditingController.text = _todo.date.dateString;
  }

  @override
  void dispose() {
    super.dispose();
    _dateTextEditingController.dispose();
  }
...
Widget _buildForm() {
  return SingleChildScrollView(
    child: Form(
      key: _formKey,
      child: Column(
        children: <Widget>[
          _buildTextFormField(
            ..
          ),
          _buildTextFormField(
            ...
          ),
          _buildDateFormField(
            '日期',
            '请选择日期',
            initialValue: _todo.date,
            controller: _dateTextEditingController,
            onSelect: (value) {
              _todo.date = value.dayTime;
```

```
                    _dateTextEditingController.text = _todo.date.dateString;
                },
            ),
        ],
      ),
    ),
  );
}

Widget _buildDateFormField(
  String title,
  String hintText, {
  DateTime initialValue,
  TextEditingController controller,
  Function(DateTime) onSelect,
}) {
  DateTime now = DateTime.now();
  return LabelGroup(
    labelText: title,
    labelStyle: _labelTextStyle,
    padding: _labelPadding,
    child: DateFieldGroup(
      onSelect: onSelect,
      child: TextFormField(
        controller: controller,
        decoration: InputDecoration(
          hintText: hintText,
          disabledBorder: _textFormBorder,
        ),
        validator: (String value) {
          return value == null ? '$title 不能为空' : null;
        },
      ),
      initialDate: initialValue,
      startDate: initialValue ?? DateTime(now.year, now.month, now.day - 1),
      endDate: DateTime(2025),
    ),
  );
}

...
}
```

为了方便复用，需要将代办事项的开始日期转为 String 类型的数据，我们将相关逻辑写在了 lib/extension/date_time.dart 中。

然后是时间选择器：

```
// lib/extension/time_of_day.dart
...
import 'package:flutter/material.dart';

extension TimeOfDayUtils on TimeOfDay {
```

```dart
  String get timeString => '$hour:$minute';
}
...

// lib/pages/edit_todo.dart
...

const TextStyle _labelTextStyle = TextStyle(
...
  Map<OpenType, _OpenTypeConfig> _openTypeConfigMap;

  final TextEditingController _dateTextEditingController = TextEditingController();
  final TextEditingController _startTimeTextEditingController =
    TextEditingController();
  final TextEditingController _endTimeTextEditingController =
    TextEditingController();

  @override
  void initState() {
    ...
    _openType = arguments.openType;
    _todo = arguments.todo ?? Todo();
    _dateTextEditingController.text = _todo.date.dateString;
    _startTimeTextEditingController.text = _todo.startTime.timeString;
    _endTimeTextEditingController.text = _todo.endTime.timeString;
  }

  @override
  void dispose() {
    super.dispose();
    _dateTextEditingController.dispose();
    _startTimeTextEditingController.dispose();
    _endTimeTextEditingController.dispose();
  }

  Widget _buildForm() {
    bool canEdit = _openType != OpenType.Preview;
    return SingleChildScrollView(
      child: IgnorePointer(
        ignoring: !canEdit,
        child: GestureDetector(
          ...
          child: Form(
            key: _formKey,
            child: Column(
              children: <Widget>[
                ...
                Row(
                  mainAxisAlignment: MainAxisAlignment.spaceBetween,
                  children: <Widget>[
                    Expanded(
                      child: _buildTimeFormField(
                        '开始时间',
                        '请选择开始时间',
```

```
                        initialValue: _todo.startTime,
                        controller: _startTimeTextEditingController,
                        onSelect: (value) {
                          _todo.startTime = value;
                          _startTimeTextEditingController.text =
                              _todo.startTime.timeString;
                        },
                      ),
                    ),
                    Expanded(
                      child: _buildTimeFormField(
                        '终止时间',
                        '请选择终止时间',
                        initialValue: _todo.endTime,
                        controller: _endTimeTextEditingController,
                        onSelect: (value) {
                          _todo.endTime = value;
                          _endTimeTextEditingController.text =
                              _todo.endTime.timeString;
                        },
                      ),
                    ),
                  ],
                ),
                ...
              ],
            ),
          ),
        ),
      ),
    ),
  );
}

Widget _buildTimeFormField(
  String title,
  String hintText, {
  TextEditingController controller,
  TimeOfDay initialValue,
  Function(TimeOfDay) onSelect,
}) {
  return LabelGroup(
    labelText: title,
    labelStyle: _labelTextStyle,
    padding: _labelPadding,
    child: TimeFieldGroup(
      onSelect: onSelect,
      child: TextFormField(
        validator: (String value) {
          return value.length > 0 ? null : '$title 不能为空';
        },
        controller: controller,
        decoration: InputDecoration(
          hintText: hintText,
          disabledBorder: _textFormBorder,
```

```
        ),
      ),
      initialTime: initialValue,
    ),
  );
}

...
}
```

11.3   构建优先级展示框

现在，我们来构建优先级展示框，和之前的日期选择器和时间选择器的不同之处在于，此处
需要我们的优先级展示框能够从所点击文本框的位置展示出来，而不是覆盖在整个页面之上，如
图 11-7 所示。

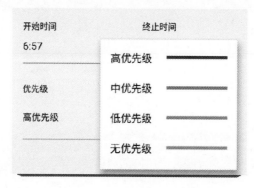

图 11-7   优先级展示框的效果

11.3.1   实现优先级展示框

在第 10 章中，我们已经为优先级设定好了完整的数据模型。因此这里就可以直接使用之前
设定好的数据模型来实现优先级展示框的 UI 内容。首先我们需要将优先级表单的基本样子展示
出来：

```
// lib/pages/edit_todo.dart
...
 Widget _buildForm() {
   return SingleChildScrollView(
     child: Form(
       key: _formKey,
       child: Column(
         children: <Widget>[
```

```
          _buildTextFormField(
            '名称',
            ...
          ),
          _buildTextFormField(
            '描述',
            ...
          ),
          _buildDateFormField(
            '日期',
            ...
          ),
          Row(
            ...
          ),
          _buildPriorityFormField(
            '优先级',
          ),
        ],
      ),
    ),
  );
}

Widget _buildPriorityFormField(
  String title, {
  TextEditingController textController,
  Function(Priority) onSaved,
}) {
  return LabelGroup(
    labelText: title,
    labelStyle: _labelTextStyle,
    padding: _labelPadding,
    child: Column(
      crossAxisAlignment: CrossAxisAlignment.start,
      children: <Widget>[
        Container(
          padding: const EdgeInsets.fromLTRB(0, 10, 0, 10),
          child: Row(
            mainAxisAlignment: MainAxisAlignment.spaceBetween,
            children: <Widget>[
              Container(
                child: Text(_todo.priority.description),
              ),
              Container(
                width: 100,
                height: 50,
                alignment: Alignment.center,
                child: Container(
```

```
                    width: 100,
                    height: 5,
                    color: _todo.priority.color,
                  ),
                ),
              ],
            ),
          ),
          Divider(
            height: 1,
            thickness: 1,
            color: Colors.black26,
          ),
        ],
      ),
    );
  }
...
```

这部分代码比较简单，主要是与布局相关的代码。下面我们看看如何弹出一个优先级展示框。

11.3.2   实现优先级弹出菜单

在 Flutter 中，如果我们想实现弹出菜单这种 UI 效果，可以使用 Material 库中的 PopupMenuButton 组件，最简单的使用效果如图 11-8 所示。

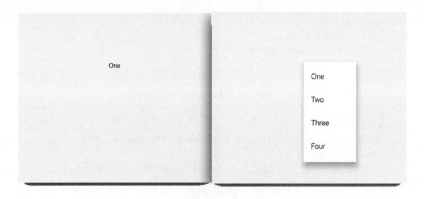

PopupMenuButton

图 11-8   使用 PopupMenuButton 组件的效果

PopupMenuButton 组件的使用也非常简单，只需要我们提供 `itemBuilder`、`child` 和 `onSelected` 三个属性就可以了。这里我们依旧将这些优先级封装成一个组件：

```
// lib/component/prority_field_group.dart
...

class PriorityFieldGroup extends StatelessWidget {
  const PriorityFieldGroup({
    Key key,
    this.initialValue,
    this.onChange,
    @required this.child,
  }) : super(key: key);

  final Priority initialValue;
  final Function(Priority) onChange;
  final Widget child;

  @override
  Widget build(BuildContext context) {
    return PopupMenuButton<Priority>(
      itemBuilder: (BuildContext context) =>
        Priority.values.map(_buildPriorityPopupMenuItem).toList(),
      onSelected: onChange,
      child: child,
    );
  }

  PopupMenuItem<Priority> _buildPriorityPopupMenuItem(Priority priority) {
    return PopupMenuItem<Priority>(
      value: priority,
      child: Row(
        mainAxisAlignment: MainAxisAlignment.spaceBetween,
        children: <Widget>[
          Text(priority.description),
          Container(
            width: 100,
            height: 5,
            color: priority.color,
          )
        ],
      ),
    );
  }
}
...
```

然后将 PriorityFieldGroup 组件添加到 _buildPriorityFormField 方法中:

```
// lib/pages/edit_todo.dart
...
class _EditTodoPageState extends State<EditTodoPage> {
...
  Widget _buildPriorityFormField(String title) {
    return LabelGroup(
      labelText: title,
      labelStyle: _labelTextStyle,
```

```
      padding: _labelPadding,
      child: PriorityFieldGroup(
        initialValue: _todo.priority,
        onChange: (Priority priority) {
          setState(() {
            _todo.priority = priority;
          });
        },
        child: Column(
          crossAxisAlignment: CrossAxisAlignment.start,
          children: <Widget>[
            Container(
              ...,
            ),
            Divider(
              ...
            ),
          ],
        ),
      ),
    );
  }
  ...
}
```

此时点击优先级表单，就会展示出对应的优先级面板，如图 11-9 所示。

图 11-9 最终实现的弹出优先级展示框的效果

11.4 完善表单细节内容

我们已经把表单整体的框架都构建完成了，接下来，我们会继续完善整个表单中比较细节的内容。

11.4.1 完善表单中的细节内容

构建完成优先级弹出框以后，我们的表单内容已经基本完成了。不过还需要保证当 OpenType 的取值是 Preview 的时候，整个表单的内容不能被编辑，这里我们可以直接使用 IgnorePointer 这个 Widget，让整个表单内容在不允许编辑的时候不响应任何点击事件。

同时还需要实现在键盘弹出后，触摸表单的其他区域即可收回键盘，因此我们可以利用 GestureDetector 取消输入焦点组件中的当前焦点状态。

要想实现以上两个功能，仅仅需要增加一些代码：

```dart
// lib/pages/edit_todo.dart
...
class _EditTodoPageState extends State<EditTodoPage> {
  ...
  Widget _buildForm() {
    bool canEdit = _openType != OpenType.Preview;
    return SingleChildScrollView(
      child: IgnorePointer(
        ignoring: !canEdit,
        child: GestureDetector(
          behavior: HitTestBehavior.opaque,
          onTap: () {
            FocusManager.instance.primaryFocus?.unfocus();
          },
          child: Form(
          ...
          ),
        ),
      ),
    );
  }
}
```

这里我们用到了 GestureDetector 中的 behavior 属性，将其值设置为了 HitTestBehavior. opaque，这么做的主要目的是当我们点击到页面中本身不能响应事件的位置时，可以触发 GestureDetector 的 onTap 方法。如果使用 behavior 属性的默认值 HitTestBehavior.defer-ToChild，那么会发现前面所说的这一类点击行为并不能触发我们设置的 onTap 方法。

为什么会存在这样的现象呢？我们可以看一下目前页面的布局结构，如图 11-10 所示。

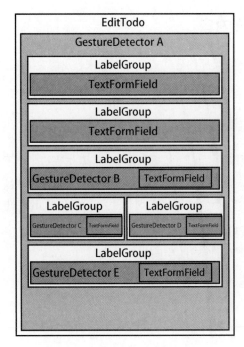

图 11-10　目前页面的布局结构

　　在我们当前的页面中，只有 GestureDetector B~E 以及 TextFormField 组件可以响应事件。如果 behavior 属性使用默认值，那么只有在点击到 GestureDetector B~E 以及 TextFormField（均为 GestureDetector A 的可响应事件的孩子节点）的时候，才"可能"触发 GestureDetector A 的 onTap 方法。又由于在 Flutter 中，各 GestureDetector 的 onTap 方法是互斥的，TextFormField 组件的点击事件与 onTap 方法也是互斥的，因此当 GestureDetector B~E 的 onTap 方法被调用以及当 TextFormField 组件被点击时，GestureDetector A 的 onTap 方法并不会被调用，也就是说在当前页面中，GestureDetector A 的 onTap 方法是不会得到调用的。在这种情况下，我们可以认为 GestureDetector A 是透明的，点击到 A 本身并不会触发其本身的事件。

　　而如果把 behavior 属性的值设置为 HitTestBehavior.opaque，GestureDetector A 就是一个不透明的区域，无论用户是否点击到 GestureDetector B~E 或者 TextFormField 组件，只要点击区域是在 GestureDetector A 的范围中，其 onTap 方法就会被调用。

11.4.2　将新创建的待办事项添加到列表中

　　此时我们的"编辑 TODO"页面已经完全拥有了获取完整待办事项信息的能力。不过当填写完一个待办事项的信息后，点击完成，此时还不能在列表中看到这个代办事项，我们还需要修改一下 TodoEntryPage 中的对应跳转方法，使得当页面返回"列表"页面的时候，能够获取到新创

建的 `Todo` 对象:

```dart
// lib/main.dart
...
class MyApp extends StatelessWidget {
  @override
  Widget build(BuildContext context) {
    return MaterialApp(
      ...
      home: routes[TODO_ENTRY_PAGE_URL](context),
      onGenerateRoute: (RouteSettings settings) {
        if ([REGISTER_PAGE_URL, LOGIN_PAGE_URL].contains(settings.name)) {
          ...
        } else if ([EDIT_TODO_PAGE_URL].contains(settings.name)) {
          return CupertinoPageRoute<Todo>(
            builder: routes[settings.name],
            settings: settings,
            fullscreenDialog: true,
          );
        }
        return MaterialPageRoute(
          ...
        );
      },
    );
  }
}

// lib/pages/todo_entry.dart
...
class _TodoEntryPageState extends State<TodoEntryPage> {
  ...
  _onTabChange(int index) async {
    if (index == 2) {
      Todo todo = await Navigator.of(context).pushNamed(
        EDIT_TODO_PAGE_URL,
        arguments: EditTodoPageArgument(
          openType: OpenType.Add,
        ),
      );
      if (todo != null) {
        index = 0;
      }
      return;
    }
    ...
  }
  ...
}
```

注意此时我们还不能将更新加入到 TodoListPage 中,因此我们需要想办法更新 TodoListPage 内部的状态,可以继续使用 `GlobalKey` 这个类解决这个问题:

```dart
// lib/pages/todo_entry.dart
...
class _TodoEntryPageState extends State<TodoEntryPage> {
  int currentIndex;
  List<Widget> pages;
  GlobalKey<TodoListPageState> todoListPageState = GlobalKey<TodoListPageState>();

  @override
  void initState() {
    super.initState();
    currentIndex = 0;
    pages = <Widget>[
      TodoListPage(key: todoListPageState),
      CalendarPage(),
      Container(),
      ReporterPage(),
    ];
  }
  ...
  _onTabChange(int index) async {
    if (index == 2) {
      ...
      if (todo != null) {
        index = 0;
        todoListPageState.currentState.addTodo(todo);
      }
      return;
    }
    ...
  }
  ...
}

// lib/pages/todo_list.dart

...
  const TodoListPage({Key key}) : super(key: key);

  @override
  TodoListPageState createState() => TodoListPageState();
}

class TodoListPageState extends State<TodoListPage> {
  ...

  void addTodo(Todo todo) {
    setState(() {
      todoList.add(todo);
    });
  }
  ...
}
```

　　最后，我们还需要修改待办事项"列表"页面中点击某个表单项后的逻辑，保证当某个待办事项被修改后，"列表"页面中也会得到相应的更新：

```dart
// lib/pages/todo_list.dart
...
class TodoListPage extends StatefulWidget {
...
  @override
  Widget build(BuildContext context) {
    return Scaffold(
      appBar: AppBar(
        title: Text('清单'),
      ),
      body: ListView.builder(
        itemCount: todoList.length,
        itemBuilder: (context, index) {
          return TodoItem(
            todo: todoList.list[index],
            onTap: (Todo todo) async {
              await Navigator.of(context).pushNamed(
                EDIT_TODO_PAGE_URL,
                arguments: EditTodoPageArgument(
                  openType: OpenType.Preview,
                  todo: todo,
                ),
              );
              setState(() {
                todoList.update(todo);
              });
            },
            ...
          );
        },
      ),
    );
  }
}
```

11.5 小结

　　本章中我们从功能需求出发，集中讲解了"编辑 TODO"页面的构建过程，在这个过程中掌握了如何通过封装代码来更好地实现复用，如何使用 Form 组件来更好地组织重复表单内容，同时了解了例如日期选择器、时间选择器这样的组件如何使用，以及通过优先级展示框的封装学习了如何自定义一个自己的组件 Widget。

第 12 章

让我们的应用更加完美

经过前面 5 章的学习，我们已经实现了待办事项应用的基本功能，包括登录注册、创建待办事项和完成待办事项。本章我们首先会为待办事项应用增加一些动画，从而了解在 Flutter 中如何使用动画以及动画分哪些种类。接着，会了解一下如何利用 Flutter 中的 PlatformChannel 和 PlatformView 实现一些原生平台才能实现的功能。

12.1　了解 Flutter 中的动画

Flutter 作为一个功能强大的开发框架，在动画方面提供了十分完善的编程接口，我们在开发过程中能够借助这些编程接口构建各种各样的动画。这些编程接口在提供丰富功能的同时，也引出了很多新的概念。因此在实际开始动手写代码之前，有必要先了解一下这些概念。

在我们使用动画的过程中，一般会用到几个 Flutter 提供的类。

- ❑ Animation 类
- ❑ AnimationController 类
- ❑ CurvedAnimation 类
- ❑ Tween 类
- ❑ Hero 类

12.1.1　Animation 类

我们先来想一个最基础的问题：动画的本质是什么？

在移动应用的开发过程中，我们可以像图 12-1 所示的这样去理解"动画"这个概念：动画的本质是**随着时间的推移**，页面上的 UI 元素的**某个或者多个属性**逐次或者同时发生变化的过程。这些属性可能是颜色、位置、大小等。

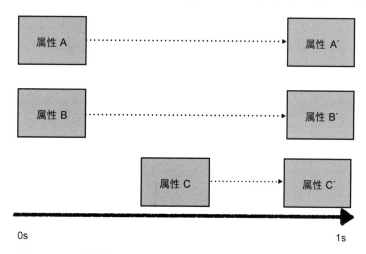

图 12-1　动画的本质是 UI 元素的单个或多个属性随时间发生变化

　　了解了动画的本质，那么在编程接口上，我们就需要用一个模型对象来描述在动画过程中某一时刻的属性具体取值，让我们的 UI 组件知道在某一时刻应该将属性修改为什么样的值。Flutter 为我们提供的 Animation 类就是负责这件事情的，它是一个抽象类，定义了动画中变化的值应该有的接口（在 Dart 中，把三个斜杠开头的注释放在类或者属性之前，表示是对这个类或者属性的解释，编辑器的代码提示中也会展示这样的注释）：

```
/// 简化后的 Animation 类
abstract class Animation<T> extends Listenable {
  /// 动画的当前状态
  AnimationStatus get status;

  /// 在动画过程中，属性当前应该有的值 value
  T get value;

  /// 添加回调函数，当 value 发生变化时执行该回调函数
  void addListener(VoidCallback listener);

  /// 移除 value 的回调函数
  void removeListener(VoidCallback listener);

  /// 添加回调函数，当 status 发生变化时执行该回调函数
  void addStatusListener(AnimationStatusListener listener);

  /// 移除 status 的回调函数
  void removeStatusListener(AnimationStatusListener listener);
}
```

　　除了 value，Animation 类还提供了 status 属性来描述某一时刻动画所处的状态。Flutter 利用 AnimationStatus 这个枚举将动画划分为了 4 个状态：dismissed、forward、reverse、completed：

```
enum AnimationStatus {
  /// 动画停止在开始节点
  dismissed,

  /// 动画正在从开始节点向结束节点执行
  forward,

  /// 动画正在执行，不过方向和 forward 是相反的
  reverse,

  /// 动画停止在结束节点
  completed,
}
```

AnimationStatus 的初始取值是 dismissed，在动画的执行过程中，4 种状态可以以像图 12-2 中展示的那样进行变换。

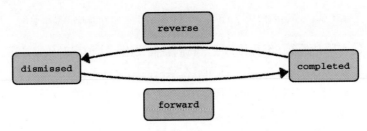

图 12-2 AnimationStatus 的变化方式

另外，Animation 类还定义了 addListener 和 addStatusListener 两个 API，方便外界在 value 和 status 发生变化的时候收到通知，并执行对应的 UI 更新操作，如图 12-3 所示。

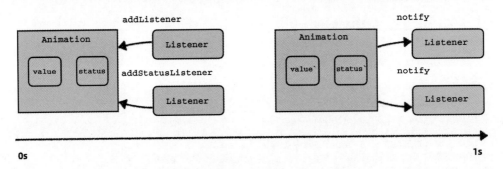

图 12-3 Animation 类定义的 addListener 和 addStatusListener

12.1.2 AnimationController 类

Animation 类为我们定义了基本的描述动画状态的模型，但是 Animation 对象并不知道动画持续多长时间，也不知道在持续的这段时间内应该以一个怎样的频率去更新 value，因此我们

无法直接使用 Animation 类来实现动画效果。在定义出 Animation 这个抽象类之后，Flutter 还提供了 Animation 的子类——AnimationController，这个类我们是可以直接使用的。比起 Animation 类，构造 AnimationController 类时需要额外传入 duration 对象来表示动画时长，以及一个 vsync 对象来告知动画更新 value 的频率。我们可以参照图 12-4 去简单理解 AnimationController 类。

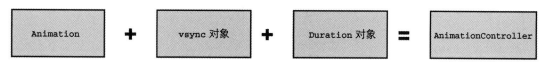

图 12-4　AnimationController 是多个对象的组合

vsync 对象为 AnimationController 类提供了两个功能。首先，vsync 对象会在 Flutter 引擎渲染每一帧的时候通知 AnimationController 去更新其持有的 value 值；其次，vsync 对象会在 Animation 类对应的 UI 元素离开页面的时候停止通知 AnimationController，避免造成资源的浪费。我们可以看一下 AnimationController 的基本接口和用法：

```
// AnimationController 的继承关系
class AnimationController extends Animation<double>{
...
}
// AnimationController 的基本用法
final AnimationController controller = AnimationController(
  duration: const Duration(milliseconds: 2500),
  vsync: this,
);
// 启动动画
controller.forward();
// 倒放动画
controller.reverse();
// 重置动画
controller.reset();
// 停止动画
controller.stop();
```

在实际的代码编写中，我们一般是将 StatefulWidget 的 State 类作为 vsync 对象传入 AnimationController 类，不过我们不能直接使用普通的 State，还需要给 State 增加一个 SingleTickerProviderStateMixin 方法，让它能够监听 Flutter 引擎的帧回调：

```
class SomeState extends State<SomeWIdget> with SingleTickerProviderStateMixin {}
```

12.1.3　CurvedAnimation 类

AnimationController 类只能提供线性变化的一个过程，也就是说如果使用这个类，那么动画在执行的过程中，速度是不变的。但有些时候，我们需要让动画在开始和结束处的速度略快或者略慢一些，在这种情况下，我们就需要使用 CurvedAnimation 类来让动画能够以不同的速度执行。从 AnimationController 类到 CurvedAnimation 类的效果过渡如图 12-5 所示。

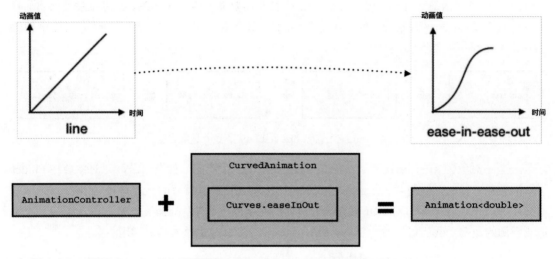

图 12-5   CurvedAnimation 的作用

只要将原有的线性变化的 AnimationController 传递给 CurvedAnimation，就可以构建出一个新的 Animation 对象，新 Animation 对象的 value 值会根据 CurvedAnimation 参数中传递的 curve 效果发生非线性的变化。例如，我们可以让 value 值以 ease 的效果发生变化：

```
final Animation<double> animation = CurvedAnimation(
  parent: controller,
  curve: Curves.ease,
);
```

CurvedAnimation 类中的 value getter 方法会基于 AnimationController 类中的 value getter 方法进行一定的数学变换，从而让随时间线性变化的 value 值以非线性的方式变化。

12.1.4   Tween 类

AnimationController 类只为我们定义了 double 类型的 value，并且这个值只能从 0.0 变化到 1.0。但在实际的需求实现过程中，免不了需要变化各种值，比如颜色、位置。为了让 AnimationController 的值能够使用在各种场景下，Flutter 为我们提供了 Tween 类，这样我们便能把 AnimationController 类中从 0.0 到 1.0 的变化映射到其他任意类型的数据。Tween 类的使用效果如图 12-6 所示。

图 12-6   使用 Tween 类可以改变动画变化的范围

我们可以通过两种方式对 AnimationController 类和 Tween 类进行组合：

```
// 使用 AnimationController 类的 drive 方法来结合一个 Tween 实例
Animation<Offset> newAnimation = animationController.drive(
  Tween<Offset>(
    begin: const Offset(100.0, 50.0),
    end: const Offset(200.0, 300.0),
  ),
);

// 使用 Tween 类的 animate 方法来结合 Animationcontroller 实例
Animation<Offset> newAnimatio = Tween<Offset>(
  begin: const Offset(100.0, 50.0),
  end: const Offset(200.0, 300.0),
).animate(animationController);
```

与 CurvedAnimation 类似，Tween 的原理也是在 value getter 方法中，对原有的 value 值进行数学变换，让其能够在 0.0~1.0 以外变化。

12.2   动手为我们的待办事项应用增加动画

在了解了动画的基本原理后，就可以为我们的待办事项应用增加一个实际的动画了，本节我们会给待办事项应用增加三种不同类型的动画，同时学习如何将动画相关的代码封装得更为优雅。

12.2.1   为"登录"页面增加动画

本节需要给"登录"页面增加一个非常细致的动画，实现当进入"登录"页面时，页面的 Logo 先放大，后缩小，同时我们还希望整个放大缩小的过程能带有一种"弹跳"感。

为了方便我们对动画的开发，首先来修改一下应用入口处的路由地址，把首页修改成"登录"页面：

```
// lib/main.dart
...
  home: routes[LOGIN_PAGE_URL](context),
...
```

这里需要结合我们之前了解到的 AnimationController 等概念使用。来看看我们实际需要增加哪些代码：

```
// lib/pages/login.dart
...

class _LoginPageState extends State<LoginPage> with SingleTickerProviderStateMixin {
  bool canLogin;

  TextEditingController _emailController = TextEditingController();
  TextEditingController _passwordController = TextEditingController();

  Animation<double> _animation;
  AnimationController _animationController;

  @override
  void initState() {
    super.initState();
    canLogin = false;
    _animationController = AnimationController(
      vsync: this,
      duration: Duration(milliseconds: 1000),
    );
    Animation<double> parentAnimation = CurvedAnimation(
      parent: _animationController,
      curve: Curves.bounceIn,
    );
    Tween<double> tween = Tween<double>(begin: 0.4, end: 0.5);
    _animation = tween.animate(parentAnimation);
    _animation.addListener(() {
      setState(() {});
    });
    _animationController.forward().then((value) => _animationController.reverse());
  }

  @override
  void dispose() {
    _animationController.dispose();
    super.dispose();
  }

  ...

  @override
  Widget build(BuildContext context) {
    return GestureDetector(
      ...
    },
```

```
        child: Scaffold(
          body: SingleChildScrollView(
            child: ConstrainedBox(
              ...
              child: Center(
                child: Column(
                  children: <Widget>[
                    Expanded(
                      child: Container(
                        child: Center(
                          child: FractionallySizedBox(
                            child: Image.asset('assets/images/mark.png'),
                            widthFactor: _animation.value,
                            heightFactor: _animation.value,
                          ),
                        ),
                      ),
                    ...
                  ],
                ),
              ),
            ),
          ),
        ),
      );
    }
```

在这段代码中，我们在 initState 方法中创建了一个 AnimationController 对象，然后用其结合 CurvedAnimation 创建了 parentAnimation，parentAnimation 相较原始的 AnimationController 会有弹入的效果（bounce in），然后我们继续通过 Tween 让 Animation 的 value 在 0.4 和 0.5 之间变化。然后我们使用 addListener 方法监听 Animation 的 value，当 value 发生变化时，就会调用监听器，进而调用 setState 方法触发 UI 重建，在这里就是更改 FractionallySizedBox 组件的 widthFactor 和 heightFactor，让"登录"页面的 Logo 大小随时间的推移而变化。完成以上这些设置以后，我们就可以通过 AnimationController 类中的 forward 方法和 reverse 方法分别让动画正向执行一次和反向执行一次（也就是 factor 首先由 0.4 变为 0.5，再由 0.5 变为 0.4）

12.2.2　使用 AnimatedWidget 封装动画

12.2.1 节开头提到的动画需求虽然很简单，不过我们还是写了相对比较多的动画配置代码。当然，我们可以尝试对这些配置代码进行抽离。在 Flutter 中，还可以通过继承 Flutter 提供的 AnimatedWidget 来将动画代码封装为一个单独的组件，实现复用。来看看应该如何修改我们的代码：

```
// lib/component/fractionally_sized_trasition.dart
...
import 'package:flutter/widgets.dart';

class FractionallySizedTransition extends AnimatedWidget {
  final Widget child;

  FractionallySizedTransition({
    Key key,
    double beginFactor = 0.1,
    double endFactor = 1.0,
    AnimationController controller,
    this.child,
  }) : super(key: key, listenable: _buildAnimation(controller));

  static Animation<double> _buildAnimation(AnimationController controller) {
    Animation<double> parentAnimation = CurvedAnimation(
      parent: controller,
      curve: Curves.bounceIn,
    );
    Tween<double> tween = Tween<double>(begin: 0.4, end: 0.5);
    Animation<double> animation = tween.animate(parentAnimation);
    return animation;
  }

  @override
  Widget build(BuildContext context) {
    Animation<double> animation = listenable;
    return FractionallySizedBox(
      child: child,
      widthFactor: animation.value,
      heightFactor: animation.value,
    );
  }
}
...

// lib/pages/login.dart
import 'package:flutter/material.dart';
import 'package:todo_list/component/fractionally_sized_trasition.dart';
import 'package:todo_list/const/route_argument.dart';
import 'package:todo_list/const/route_url.dart';

...
  TextEditingController _emailController = TextEditingController();
  TextEditingController _passwordController = TextEditingController();

  AnimationController _animationController;

  @override
  ...
  void initState() {
    ...
    Animation<double> parentAnimation = CurvedAnimation(
```

```
    parent: _animationController,
    curve: Curves.bounceIn,
  );
  Tween<double> tween = Tween<double>(begin: 0.4, end: 0.5);
  _animation = tween.animate(parentAnimation);
  _animation.addListener(() {
    setState(() {});
  });
  _animationController.forward().then((value) => _animationController.reverse());
}


...
@override
Widget build(BuildContext context) {
  return GestureDetector(
    ...
    child: Scaffold(
      body: SingleChildScrollView(
        child: ConstrainedBox(
          ...
          child: Center(
            child: Column(
              children: <Widget>[
                Expanded(
                  child: Container(
                    child: Center(
                      child: FractionallySizedTransition(
                        child: Image.asset('assets/images/mark.png'),
                        controller: _animationController,
                        beginFactor: 0.4,
                        endFactor: 0.5,
                      ),
                    ),
                  ),
                  ...
                ),
              ),
            ),
          ),
        ),
      ),
    ),
  );
}
```

AnimatedWidget 做的事情实际上很简单，就是将我们之前通过 addListener 调用 setState 的逻辑放在 AnimatedWidget 中。同时，通过这种方式，我们就可以将一些动画的变化效果封装在我们自己的 Widget 中。我们在 9.2.2 节中使用的各种 Transition 效果其实也是继承 AnimatedWidget 实现的：

```
class SlideTransition extends AnimatedWidget{...}
class AlignTransition extends AnimatedWidget{...}
...
```

12.2.3　为登录 Logo 增加 Hero 动画

Flutter 中的动画除了我们平时看到的呈现在单独页面上的动画，还有一种非常强大的动画叫作 Hero 动画，其具体的效果可以查看：https://www.bilibili.com/video/av71273283。Hero 动画能让某个组件在两个页面之间流畅地切换。在功能强大的同时，Hero 动画的编程接口也非常的简单。本节我们会首先完善一下"关于"页面，然后在"关于"页面和"登录"页面之间实现 Hero 动画。

第一步，简单地补充一下"登录"页面的路由跳转，以便能够从"登录"页面跳转到"列表"页面，同时由于"注册"页面的跳转逻辑和"登录"页面的十分相似，因此这里将从"注册"页面跳转到"列表"页面的逻辑也一并添加上：

```
// lib/pages/login.dart
...
  @override
  void initState() {
    super.initState();
    canLogin = true;
    _animationController = AnimationController(
      vsync: this,
      duration: Duration(milliseconds: 1000),
      ...
    );
  }

  void _login() {
    if (!canLogin) {
      return;
    }
    Navigator.of(context).pushReplacementNamed(TODO_ENTRY_PAGE_URL);
  }

  @override
  Widget build(BuildContext context) {
    return GestureDetector(
    ...
    Padding(
      padding: EdgeInsets.only(left: 24, right: 24, top: 12, bottom: 12),
      child: FlatButton(
        onPressed: canLogin ? _login : null,
        child: Text(
          '登录',
          style: TextStyle(

// lib/pages/register.dart
...
```

```
void _register() {
  if (!canRegister) {
    return;
  }
  Navigator.of(context).pushReplacementNamed(TODO_ENTRY_PAGE_URL);
}

@override
Widget build(BuildContext context) {
  return GestureDetector(
    ...
    bottom: 12,
    ),
    child: FlatButton(
      onPressed: canRegister ? _register : null,
      child: Text(
        '注册并登录',
        style: TextStyle(
    ...
```

"关于"页面的内容十分简单，我们仅仅是在其上增加了和"登录"页面相同的 Logo，同时在页面下方增加了退出登录的按钮：

```
// lib/pages/about.dart
import 'package:flutter/material.dart';
import 'package:todo_list/const/route_url.dart';

class AboutPage extends StatelessWidget {

  @override
  Widget build(BuildContext context) {
    return Scaffold(
      ...
      body: Center(
        child: Column(
          children: <Widget>[
            Expanded(
              child: Container(
                child: Center(
                  child: FractionallySizedBox(
                    child: Image.asset('assets/images/mark.png'),
                    widthFactor: 0.3,
                    heightFactor: 0.3,
                  ),
                ),
              ),
            ),
            Expanded(
              child: Container(
                child: Column(
                  crossAxisAlignment: CrossAxisAlignment.stretch,
```

```
              children: <Widget>[
                Padding(
                  padding: EdgeInsets.only(left: 24, right: 24, bottom: 12),
                  child: Column(
                    crossAxisAlignment: CrossAxisAlignment.stretch,
                    children: <Widget>[
                      Center(
                        child: Text(
                          'Funny Flutter Todo',
                          style: TextStyle(fontSize: 25),
                        ),
                      ),
                      Center(
                        child: Text('版本 1.0.0'),
                      ),
                    ],
                  ),
                ),
                Padding(
                  padding: EdgeInsets.only(
                    left: 24,
                    right: 24,
                    top: 12,
                    bottom: 12,
                  ),
                  child: FlatButton(
                    onPressed: () {
                      Navigator.of(context).pushReplacementNamed(LOGIN_PAGE_URL);
                    },
                    color: Colors.red,
                    disabledColor: Colors.red,
                    child: Text(
                      '退出登录',
                      style: TextStyle(
                        color: Colors.white,
                      ),
                    ),
                  ),
                ),
              ],
            ),
          ),
        ],
      ),
    ),
  );
  ...
}
```

运行这段代码,得到的效果如图 12-7 所示。

图 12-7 "关于"页面的最终效果

Hero 动画的使用方式也比较简单，只需要在相同的 Widget 外层包裹上 Hero 这个 Widget，并传入相同的 key 值作为标记，Flutter 就会自动在页面切换的时候做好两个 Widget 各种属性的比对，并执行动画。Hero 动画所需的 key 值可以是任何对象，这里我们将 Logo 图片的资源名称作为 key 值。下面将 Hero 动画简单封装为一个组件，叫作 ImageHero：

```
// lib/component/image_hero.dart
...
import 'package:flutter/widgets.dart';

class ImageHero extends StatelessWidget {
  final String imageKey;

  const ImageHero({Key key, this.imageKey}) : super(key: key);

  factory ImageHero.asset(String key) => ImageHero(imageKey: key);

  @override
  Widget build(BuildContext context) {
    return Hero(
      tag: imageKey,
      child: Image.asset(imageKey),
    );
  }
}
```

接着，分别在"关于"页面和"登录"页面的 Logo 外部包裹上这个 ImageHero：

```
// lib/pages/about.dart
...

class AboutPage extends StatelessWidget {
  @override
  Widget build(BuildContext context) {
    return Scaffold(
      ...
      body: Center(
        child: Column(
          children: <Widget>[
            Expanded(
              child: Container(
                child: Center(
                  child: FractionallySizedBox(
                    child: ImageHero.asset('assets/images/mark.png'),
                    ...
                  ),
                ),
              ),
            ),
            Expanded(
              child: Container(
                child: Column(
                  crossAxisAlignment: CrossAxisAlignment.stretch,
                  children: <Widget>[
                    ...
                    Padding(
                      ...
                      child: FlatButton(
                        onPressed: () {
                          Navigator.of(context)
                              .pushReplacementNamed(LOGIN_PAGE_URL);
                        },
                        ...
                      ),
                    ),
                  ],
                ),
              ),
            ),
          ],
        ),
      ),
    );
  }
}
```

```
// lib/pages/login.dart
...
class _LoginPageState extends State<LoginPage> with SingleTickerProviderStateMixin {
  ...

  @override
  Widget build(BuildContext context) {
    return GestureDetector(
      ...
      child: Scaffold(
        body: SingleChildScrollView(
          child: ConstrainedBox(
            ...
            child: Center(
              child: Column(
                children: <Widget>[
                  Expanded(
                    child: Container(
                      child: Center(
                        child: FractionallySizedTransition(
                          child: ImageHero.asset('assets/images/mark.png'),
                          factor: _animation,
                        ),
                      ),
                    ),
                  ),
                  ...
                ],
              ),
            ),
          ),
        ),
      ),
    );
  }
}
```

    在实际的实现过程中，由于从"登录"页面跳转到"列表"页面时，"列表"页面并没有
ImageHero 组件，因此"列表"页面中的 Logo 并不会随着页面切换呈现相同的半透明效果，如
图 12-8 所示（左图为不正确的跳转效果，右图为正确的跳转效果）。因此我们需要在页面跳转前，
将 ImageHero 恢复为正常的 Image。

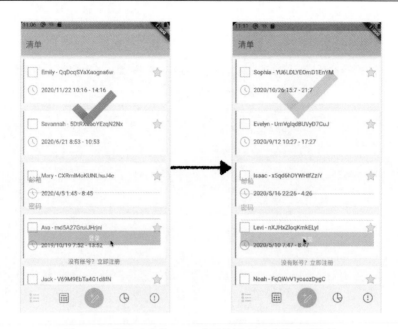

图 12-8　从不正确的 Hero 动画效果到正确的动画效果

这里我们只需要在页面跳转的时候增加一个判断即可:

```dart
// lib/pages/login.dart
...

class _LoginPageState extends State<LoginPage> with SingleTickerProviderStateMixin {
  bool canLogin;
  bool useHero;

  TextEditingController _emailController = TextEditingController();
  TextEditingController _passwordController = TextEditingController();
  ...
  void initState() {
    super.initState();
    canLogin = true;
    useHero = true;
    _animationController = AnimationController(
      vsync: this,
      duration: Duration(milliseconds: 1000),
      ...
    if (!canLogin) {
      return;
    }
    setState(() {
      useHero = false;
    });
    Navigator.of(context).pushReplacementNamed(TODO_ENTRY_PAGE_URL);
  }
```

```
@override
Widget build(BuildContext context) {
  String markAssetName = 'assets/images/mark.png';
  return GestureDetector(
    ...
    child: Scaffold(
      body: SingleChildScrollView(
        child: ConstrainedBox(
          ...
          child: Center(
            child: Column(
              children: <Widget>[
                Expanded(
                  child: Container(
                    child: Center(
                      child: FractionallySizedTransition(
                        child: useHero
                            ? ImageHero.asset(markAssetName)
                            : Image.asset(markAssetName),
                        factor: _animation,
                      ),
                    ),
                  ),
                ),
                ...
              ],
            ),
          ),
        ),
      ),
    ),
  );
}
}
```

12.2.4 为"列表"页面增加动画

在移动应用的开发过程中，我们还经常会在"列表"页面的添加和删除操作中使用动画，Flutter 为了方便开发者开发，提供了 AnimatedList 这个 Widget。AnimatedList 和 ListView 的基本用法一致，因此可以直接对原有的 ListView 的代码做替换：

```
// lib/pages/todo_list.dart
...
  @override
  void initState() {
    super.initState();
    todoList = TodoList(generateTodos(3));
  }
```

```
void addTodo(Todo todo) {
  ...
    appBar: AppBar(
      title: Text('清单'),
    ),
    body: AnimatedList(
      initialItemCount: todoList.length,
      itemBuilder: (BuildContext context, int index, Animation<double> animation) {
        return TodoItem(
          todo: todoList.list[index],
          onTap: (Todo todo) async {
```

不过，此时的"列表"页面还不具备动画功能，下面首先为它增加一个在添加待办事项时出现的动画。和其他动画 Widget 不同的是，如果我们想利用 AnimatedList 在添加待办事项时增加动画效果，需要利用 GlobalKey 获取 AnimatedList 的状态，然后调用其 insertItem 方法执行添加待办事项的操作。如果直接使用 setState 方法更新待办事项列表，是不会出现动画效果的：

```
// lib/pages/todo_list.dart
...

class TodoListPageState extends State<TodoListPage> {
  TodoList todoList;
  GlobalKey<AnimatedListState> animatedListKey = GlobalKey<AnimatedListState>();

  @override
  void initState() {
    ...
  }

  void addTodo(Todo todo) {
    todoList.add(todo);
    int index = todoList.list.indexOf(todo);
    animatedListKey.currentState.insertItem(index);
  }

  @override
  Widget build(BuildContext context) {
    return Scaffold(
      ...
      body: AnimatedList(
        key: animatedListKey,
        initialItemCount: todoList.length,
        itemBuilder: (BuildContext context, int index, Animation<double> animation) {
          return SlideTransition(
            position: Tween<Offset>(
              begin: Offset(1, 0),
              end: Offset.zero,
```

```
        ).animate(animation),
        child: TodoItem(
          ...
        ),
      );
    },
  ),
...
);
}
```

在这里我们使用了前面提到过的 SlideTransition 类和 Tween 类，从而让列表能够在新增待办事项的时候出现一个从右往左滑动的效果。

接下来我们实现删除待办事项时的动画效果：

```
// lib/pages/todo_list.dart
...
class TodoListPageState extends State<TodoListPage> {
  ...
  void removeTodo(Todo todo) async {
    bool result = await showCupertinoDialog(
      context: context,
      builder: (BuildContext context) {
        return DeleteTodoDialog(
          todo: todo,
        );
      },
    );
    if (result) {
      int index = todoList.list.indexOf(todo);
      todoList.remove(todo.id);
      animatedListKey.currentState.removeItem(index, (
        BuildContext context,
        Animation<double> animation,
      ) {
        return SizeTransition(
          sizeFactor: animation,
          child: TodoItem(todo: todo),
        );
      });
    }
  }
  @override
  Widget build(BuildContext context) {
    return Scaffold(
      appBar: AppBar(
        title: Text('清单'),
      ),
```

```
      body: AnimatedList(
        key: animatedListKey,
        initialItemCount: todoList.length,
        itemBuilder: (
          BuildContext context,
          int index,
          Animation<double> animation,
        ) {
          return SlideTransition(
            ...
            child: TodoItem(
              ...
              onLongPress: removeTodo,
            ),
          );
        },
      ),
    );
  }
}
```

和添加待办事项时的动画不同，我们无法在 AnimatedList 初始化的时候就配置好删除待办
事项的动画，而需要在调用 `AnimatedListState.removeItem` 方法的时候配置。

12.3   利用 PlatformChannel 实现定位功能

尽管 Flutter 为我们提供了很多强大的功能，但总会有一些和平台绑定得十分紧密的功能是
我们无法直接通过 Flutter 实现的，例如蓝牙、定位。为了解决这些问题，Flutter 为我们提供了在
Dart 代码中调用 iOS 系统或者 Android 系统中原生代码的能力，我们一般称之为 PlatformChannel。
本节我们会利用 PlatformChannel 从 iOS 系统和 Android 系统的原生代码中获取定位信息，并在
我们的"添加 TODO"页面中增加填充地址信息的功能。

12.3.1   了解 PlatformChannel 的基本模式

在使用 PlatformChannel 时，首先需要在 Dart 端和 iOS/Android 端分别创建对应的 `MethodChannel`
对象，然后在 iOS/Android 系统中利用 `MethodCallHandler` 对象调用其他的原生方法。两端的
`MethodChannel` 对象通过相同的名称互相绑定。当我们在 Dart 端调用 `MethodChannel` 对象的
方法时，Flutter 会去调用本地的对应代码。

图 12-9 基本表示了使用 PlatformChannel 调用原生代码的模式。

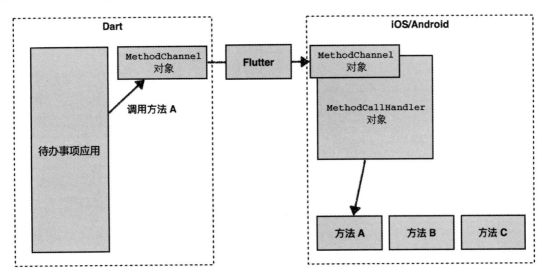

图 12-9 使用 PlatformChannel 调用原生代码

12.3.2 使用 PlatformChannel 写 Dart 端代码

由于我们是要实现给待办事项增加定位信息，因此先需要给待办事项增加一些新的字段，用来承载位置信息：

```
// lib/model/todo.dart
...

class Location {
  /// 纬度
  final double latitude;

  /// 经度
  final double longitude;

  /// 地点描述
  final String description;

  /// 默认的构造器
  const Location({this.longitude = 0, this.latitude = 0, this.description = ''});

  /// 命名构造器，用于构造只有描述信息的 Location 对象
  Location.fromDescription(this.description)
      : latitude = 0,
        longitude = 0;
}

class Todo {
  ...
```

```
/// 待办事项所关联的位置
Location location;

String get timeString {
  String dateString = date.compareTo(DateTime.now()) == 0 ? 'today' :
    '${date.year}/${date.month}/${date.day}';
  if (startTime == null || endTime == null) {
  ...
  this.priority = Priority.Unspecific, // 优先级越小优先级越高
  this.isFinished = false,
  this.isStar = false,
  this.location = const Location(),
}) : this.id = id ?? generateNewId() {
  // 如果开始时间为空，则设置为当前时间
  if (date == null) {
```

接下来我们看看如何使用 PlatformChannel 和原生代码交互。第一步，需要在 Dart 侧使用
MethodChannel 对象创建一个向原生代码发送消息的通道。在具体的实践中，一般会将其放在
一个静态的类上，具体代码如下：

```
// lib/platform_channel/platform_channel.dart
...
import 'package:flutter/services.dart';
import 'package:todo_list/model/todo.dart';

class PlatformChannel {
  static const MethodChannel _channel =
    const MethodChannel('com.funny_flutter.todo_list.channel');

  static Future<Location> getCurrentLocation() async {
    Map locationMap = await _channel.invokeMethod<Map>('getCurrentLocation');
    return Location(
      latitude: double.parse(locationMap['latitude']),
      longitude: double.parse(locationMap['longitude']),
      description: locationMap['description'],
    );
  }
}
```

这段代码非常简单，我们创建了一个叫 PlatformChannel 的类，该类负责获取位置信息。
其中的 getCurrentLocation 方法就是用来获取当前位置的方法。

在 LocationUtils 中，有一个静态变量 platform，这是一个 MethodChannel 对象，在
getCurrentLocation 方法中，我们通过 MethodChannel 对象向原生系统发送了一个方法调
用的信息，并异步获取到一个返回值，返回值的类型取决于我们在原生系统中写的代码所返回的
数据类型。

需要注意的是，利用 PlatformChannel 调用的原生代码都是异步代码。

接下来，我们需要在"编辑 TODO"页面，增加一个通过 PlatformChannel 获取地点的表单内容。和之前一样，我们照旧为其封装一个 FieldGroup 以便代码复用：

```dart
// lib/component/location_field_group.dart
...
import 'package:flutter/foundation.dart';
import 'package:flutter/material.dart';
import 'package:flutter/widgets.dart';
import 'package:todo_list/model/todo.dart';
import 'package:todo_list/platform_channel/platform_channel.dart';

/// 支持用户点击弹出的日期选择器组件
class LocationFieldGroup extends StatefulWidget {
  const LocationFieldGroup({
    Key key,
    @required this.child,
    this.onChange,
  }) : super(key: key);

  final Function(Location) onChange;

  /// 用来展示选择的位置的组件
  final Widget child;

  @override
  _LocationFieldGroupState createState() => _LocationFieldGroupState();
}

class _LocationFieldGroupState extends State<LocationFieldGroup> {
  bool isLoading;

  @override
  void initState() {
    super.initState();
    isLoading = false;
  }

  @override
  Widget build(BuildContext context) {
    return GestureDetector(
      child: AbsorbPointer(
          child: Stack(
        children: <Widget>[
          isLoading
            ? Center(
              child: CircularProgressIndicator(),
            )
            : Container(),
          Opacity(
            child: widget.child,
            opacity: isLoading ? 0.5 : 1.0,
          )
        ],
```

```
        )),
      onTap: () async {
        setState(() {
          isLoading = true;
        });
        Location location = await PlatformChannel.getCurrentLocation();
        if (widget.onChange != null) {
          widget.onChange(location);
        }
        setState(() {
          isLoading = false;
        });
      },
    );
  }
}
```

然后在“编辑 TODO”页面增加对应的表单项，这里我们只是非常简单地调用之前写好的 PlatformChannel，获取来自原生代码的位置字符：

```dart
// lib/pages/edit_todo.dart
...
class _EditTodoPageState extends State<EditTodoPage> {
  ...
  final TextEditingController _endTimeTextEditingController =
    TextEditingController();
  final TextEditingController _locationTextEditingController =
    TextEditingController();

  @override
  void initState() {
    ...
    _locationTextEditingController.text = _todo.location.description;
  }

  Widget _buildForm() {
    ...
    return SingleChildScrollView(
      child: IgnorePointer(
        ...
        child: GestureDetector(
          ...
          child: Form(
            key: _formKey,
            child: Column(
              children: <Widget>[
                ...
                _buildLocationFormField(
                  '位置',
                  '点击以保存当前位置',
                  controller: _locationTextEditingController,
                  onSaved: (Location location) {
                    _todo.location = location;
```

```
                        _locationTextEditingController.text = location.description;
                },
            ),
          ],
        ),
      ),
    ),
  ),
);
}

Widget _buildLocationFormField(
  String title,
  String hintText, {
  TextEditingController controller,
  Function(Location) onSaved,
}) {
  return LabelGroup(
    labelText: title,
    labelStyle: _labelTextStyle,
    padding: _labelPadding,
    child: LocationFieldGroup(
      onChange: onSaved,
      child: TextFormField(
        keyboardType: TextInputType.text,
        textInputAction: TextInputAction.done,
        controller: controller,
        decoration: InputDecoration(
          hintText: hintText,
          enabledBorder: _textFormBorder,
        ),
      ),
    ),
  );
}
...
```

12.3.3　使用 PlatformChannel 编写 Android 端代码

接下来，我们看看 Android 端的代码如何编写。要在 Android 端实现相应的逻辑，需要编辑
MainActivity.java 文件：

```
// android/app/src/main/java/com/example/funny_todo_app/MainActivity.java
package com.example.funny_todo_app;

import androidx.annotation.NonNull;

import java.util.HashMap;

import io.flutter.embedding.android.FlutterActivity;
import io.flutter.embedding.engine.FlutterEngine;
```

```
import io.flutter.plugin.common.MethodCall;
import io.flutter.plugin.common.MethodChannel;

public class MainActivity extends FlutterActivity {
  // 此处的名字要和 Dart 端的一致
  private static final String CHANNEL = "com.funny_flutter.todo_list.channel";

  @Override
  public void configureFlutterEngine(@NonNull FlutterEngine flutterEngine) {
    super.configureFlutterEngine(flutterEngine);
    // 新建一个 MethodChannel 对象
    new MethodChannel(flutterEngine.getDartExecutor().getBinaryMessenger(),
      CHANNEL).setMethodCallHandler((MethodCall call, MethodChannel.Result result) -> {
      // 当收到名为 getCurrentLocation 的方法调用时，返回 getCurrentLocation()函数的结果
      if (call.method.equals("getCurrentLocation")) {
        result.success(getCurrentPosition());
      } else {
        result.notImplemented();
        }
      });
    }

  public HashMap<String, String> getCurrentPosition() {
    // 返回当前位置
    return new HashMap<String, String>() {{
      put("latitude", "39.92");
      put("longitude", "116.46");
      put("description", "北京");
    }};
    }
}
...
```

注意，这段代码中的 CHANNEL 和我们在 Dart 侧创建的 MethodChannel 对象的内容必须要一样，否则无法相互通信。

这里我们的主要目的是展示如何使用 PlatformChannel，因此并没有真正编写原生获取当前地理位置的代码。读者如果有兴趣，可以自行查询如何在 Android 系统中获取地理位置信息。

12.3.4   使用 PlatformChannel 编写 iOS 端的代码

iOS 端的代码和 Android 端的代码写法其实类似，这里需要修改的是 AppDelegate.m 文件：

```
// ios/Runner/AppDelegate.m
...

- (BOOL)application:(UIApplication *)application
  didFinishLaunchingWithOptions:(NSDictionary *)launchOptions {
    FlutterViewController* controller = (FlutterViewController*)self.window.
      rootViewController;
```

```
FlutterMethodChannel* channel = [FlutterMethodChannel methodChannelWithName:
  @"com.funny_flutter.todo_list.channel" binaryMessenger:controller.binaryMessenger];

[channel setMethodCallHandler:^(FlutterMethodCall* call, FlutterResult result) {
  if ([call.method isEqualToString:@"getCurrentLocation"]) {
    result(@{
      @"latitude": @"39.92",
      @"longitude": @"116.46",
      @"description": @"北京",
    });
  } else {
    result(FlutterMethodNotImplemented);
  }
}];
[GeneratedPluginRegistrant registerWithRegistry:self];
// 可以在这里添加更多代码，定制应用启动后的行为
return [super application:application
  didFinishLaunchingWithOptions:launchOptions];
```

和 12.3.3 节一样，我们只是简单实现了返回对应对象的功能。

12.4 利用 PlatformView 实现地址详情功能

除了使用 PlatformChannel 实现和原生系统在逻辑层面上通信，Flutter 还为我们提供了 PlatformView，可以实现和原生系统在界面上进行复用。如果有一些页面在原生系统已经有很好的实现，同时在 Flutter 中的实现成本又比较高，比如地图页面或者一个 Web 页面，就可以直接使用 PlatformView 来完成。本节我们会使用 PlatformView，将待办事项详情信息中的位置信息用原生的 TextView 实现出来。

12.4.1 了解 PlatformView 的基本模式

在使用 Platform 时，我们首先需要在 Dart 端利用 Flutter 提供的 UIKitView（针对 iOS 端）或者 AndroidView（针对 Android 端）封装出一个 Widget，这个 Widget 对外的使用方式和普通的 Widget 基本一致。然后需要在 iOS/Android 端利用原生的 UI 实现手段编写一个 View，整个 View 的创建和销毁逻辑都在 Flutter 提供的 PlatformView 中完成。接着我们需要针对这个 PlatformView 编写一个 PlatformViewFactory，以便 Flutter 框架生成多个 PlatformView 的实例。最后，我们需要将这个 PlatformViewFactory 注册到 Flutter 提供的 PlatformViewsController 中，由 Flutter 框架来将原生 View 嵌入到 Flutter 绘制的内容中。

整个 PlatformView 的基本使用模式可以用图 12-10 表示。

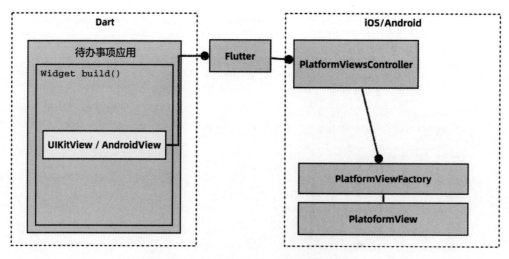

图 12-10　PlatformView 的基本使用模式

12.4.2　在 Dart 端使用 PlatformView

首先用一个 Widget 来封装 PlatformView，这里我们要做的事情并不多，仅根据不同的平台使用不同的 Widget 即可：

```
// lib/component/platform_text.dart
...
import 'package:flutter/foundation.dart';
import 'package:flutter/services.dart';
import 'package:flutter/widgets.dart';

class PlatformText extends StatelessWidget {
  final String text;
  final String _viewType = 'platform_text_view';

  const PlatformText({Key key, this.text}) : super(key: key);

  @override
  Widget build(BuildContext context) {
    Widget platformView;
    if (defaultTargetPlatform == TargetPlatform.android) {
      platformView = AndroidView(
        viewType: _viewType,
        creationParams: text,
        creationParamsCodec: const StandardMessageCodec(),
      );
    } else if (defaultTargetPlatform == TargetPlatform.iOS) {
      platformView = UiKitView(
        viewType: _viewType,
        creationParams: text,
        creationParamsCodec: const StandardMessageCodec(),
```

```
      );
    } else {
      platformView = Text('不支持的平台');
    }
    return platformView;
  }
}
...
```

接着创建一个对应的页面。需要注意的是，必须要给予 PlatformView 一定的大小约束，否则其会扩展至父容器的最大大小：

```
// lib/const/route_argument.dart
...

  EditTodoPageArgument({this.openType, this.todo});
}

class LocationDetailArgument {
  final Location location;

  LocationDetailArgument(this.location);
}
...

// lib/pages/locationi_detail.dart
...
import 'package:flutter/material.dart';
import 'package:flutter/widgets.dart';
import 'package:todo_list/component/label_group.dart';
import 'package:todo_list/component/platform_text.dart';
import 'package:todo_list/const/route_argument.dart';

class LocationDetailPage extends StatelessWidget {
  @override
  Widget build(BuildContext context) {
    LocationDetailArgument argument = ModalRoute.of(context).settings.arguments;
    return Scaffold(
      appBar: AppBar(
        title: Text('地点详情'),
        backgroundColor: Colors.white,
        centerTitle: true,
      ),
      body: Column(
        crossAxisAlignment: CrossAxisAlignment.start,
        children: <Widget>[
          LabelGroup(
            labelText: '经度',
            child: Text(argument.location.longitude.toString()),
          ),
          LabelGroup(
            labelText: '维度',
            child: Text(argument.location.latitude.toString()),
```

```
        ),
        LabelGroup(
          labelText: '位置',
          child: ConstrainedBox(
            constraints: BoxConstraints.tightFor(height: 16),
            child: PlatformText(
              text: argument.location.description,
            ),
          ),
        )
      ],
    ),
  );
  }
}
```

然后我们需要在路由中注册这个页面的跳转路由，以便从“编辑 TODO”页面跳转到这个
页面：

```
// lib/const/route_url.dart
...
const LOCATION_DETAIL_PAGE_URL = '/location_detail';
...


// lib/main.dart
...
import 'package:todo_list/pages/locationi_detail.dart';
final Map<String, WidgetBuilder> routes = {
  ...
  EDIT_TODO_PAGE_URL: (context) => EditTodoPage(),
  LOCATION_DETAIL_PAGE_URL: (context) => LocationDetailPage(),
};

class MyApp extends StatelessWidget {
  ...
  import 'package:todo_list/const/route_url.dart';
  ...
    labelText: title,
    labelStyle: _labelTextStyle,
    padding: _labelPadding,
    child: GestureDetector(
      child: LocationFieldGroup(
        ...
      ),
      onLongPress: () {
        Navigator.of(context).pushNamed(
          LOCATION_DETAIL_PAGE_URL,
          arguments: LocationDetailArgument(_todo.location),
        );
      },
    ),
  );
}
```

12.4.3 在 Android 端注册 PlatformView

首先来创建对应的 PlatformTextView：

```
// android/app/src/main/java/com/example/funny_todo_app/PlatformTextView.java
...
package com.example.funny_todo_app;

import android.content.Context;
import android.view.View;
import android.widget.TextView;

import io.flutter.plugin.platform.PlatformView;
public class PlatformTextView implements PlatformView {
  public final int id;
  private TextView textView;

  PlatformTextView(Context context, int id, Object args) {
    this.id = id;
    String text = args.toString();
    this.textView = new TextView(context);
    this.textView.setText(text);
  }

  @Override
  public View getView() {
    return this.textView;
  }

  @Override
  public void dispose() {
    this.textView = null;
  }
}
```

然后创建一个 Factory，当我们在 Dart 代码中使用 PlatformTextView 这个 Widget 时，Flutter 会利用这个 Factory 创建对应的 Native View：

```
//
android/app/src/main/java/com/example/funny_todo_app/PlatformTextViewFactory.java
...
package com.example.funny_todo_app;

import android.content.Context;

import io.flutter.plugin.common.StandardMessageCodec;
import io.flutter.plugin.platform.PlatformView;
import io.flutter.plugin.platform.PlatformViewFactory;

public class PlatformTextViewFactory extends PlatformViewFactory {
```

```
    PlatformTextViewFactory() {
      super(StandardMessageCodec.INSTANCE);
    }

    @Override
    public PlatformView create(Context context, int id, Object argument) {
      return new PlatformTextView(context, id, argument);
    }
}
```

最终，需要在之前写好的 MainActivity 中，将该 Factory 注册到 FlutterEngine 中的 Platform-
ViewsController 中：

```
// android/app/src/main/java/com/example/funny_todo_app/MainActivity.java
...
public class MainActivity extends FlutterActivity {
    // 此处的名字要和 dart 侧的一致
    private static final String CHANNEL = "com.funny_flutter.todo_list.channel";

    @Override
    public void configureFlutterEngine(@NonNull FlutterEngine flutterEngine) {
      ...
      PlatformTextViewFactory factory=new PlatformTextViewFactory();
      flutterEngine.getPlatformViewsController().getRegistry().registerViewFactory
        ("platform_text_view", factory);
    }

    ...
}
```

12.4.4   在 iOS 端注册 PlatformView

首先需要在 iOS 端的代码中创建一个对应的 PlatformTextView：

```
// ios/Runner/PlatformTextView.h
...
#import <Foundation/Foundation.h>
#import <Flutter/Flutter.h>

NS_ASSUME_NONNULL_BEGIN

@interface PlatformTextView : NSObject<FlutterPlatformView>

-(instancetype)initWithFrame:(CGRect)frame viewIdentifier:(int64_t)viewId
arguments:(id _Nullable)args;

@end

NS_ASSUME_NONNULL_END
...
```

```
// ios/Runner/PlatformTextView.m
...
#import "PlatformTextView.h"

@interface PlatformTextView ()

@property (strong, nonatomic) UILabel *textView;
@property (assign, nonatomic) int64_t viewId;

@end

@implementation PlatformTextView

-(instancetype)initWithFrame:(CGRect)frame viewIdentifier:(int64_t)viewId
arguments:(id _Nullable)args {
  if (self = [super init]) {
    _textView = [[UILabel alloc] initWithFrame:frame];
    _textView.textAlignment = NSTextAlignmentCenter;
    _textView.text = args;
    _viewId = viewId;
  }
  return self;
}

- (nonnull UIView *)view {
  return self.textView;
}

@end
```

接下来创建一个对应的 Factory，这部分代码的逻辑和之前在 Android 端创建 Factory 的作用是一样的：

```
// ios/Runner/PlatformViewFactory.h
#import <Foundation/Foundation.h>
#import <Flutter/Flutter.h>

NS_ASSUME_NONNULL_BEGIN

@interface PlatformTextViewFactory : NSObject <FlutterPlatformViewFactory>

@end

NS_ASSUME_NONNULL_END
...

// ios/Runner/PlatformTextViewFactory.m
...
#import "PlatformTextViewFactory.h"
#import "PlatformTextView.h"

@implementation PlatformTextViewFactory
```

```objectivec
- (nonnull NSObject<FlutterPlatformView> *)createWithFrame:(CGRect)frame
  viewIdentifier:(int64_t)viewId arguments:(id _Nullable)args {
  PlatformTextView *textView = [[PlatformTextView alloc] initWithFrame:frame
    viewIdentifier:viewId arguments:args];
  return textView;
}

- (NSObject<FlutterMessageCodec>*)createArgsCodec {
  return [FlutterStandardMessageCodec sharedInstance];
}


@end
...
```

最终，需要在 AppDelegate 中将这个 Factory 注册到 FlutterEngine 中：

```objectivec
// ios/Runner/AppDelegate.m
#import "AppDelegate.h"
#import "GeneratedPluginRegistrant.h"
#import "PlatformTextViewFactory.h"

@implementation AppDelegate

...
  PlatformTextViewFactory *factory = [[PlatformTextViewFactory alloc] init];
  [[self registrarForPlugin:@"com.funny_flutter.todo_list.view"]
    registerViewFactory:factory withId:@"platform_text_view"];
  [GeneratedPluginRegistrant registerWithRegistry:self];
  // 可以在这里添加更多代码来定制应用启动后的行为
  return [super application:application didFinishLaunchingWithOptions:launchOptions];
```

和 Android 不同的是，要想在 iOS 上使用 PlatformView，还需要额外注册一个 *key* 到 Info.plist 文件中，这样才能让 Flutter 启用 PlatformView：

```xml
// ios/Runner/Info.plist
...
    <string>获取您的相机权限以拍摄用户头像</string>
    <key>NSMicrophoneUsageDescription</key>
    <string>获取您的麦克风权限以拍摄录像</string>
    <key>io.flutter.embedded_views_preview</key>
    <true/>
    <key>UIViewControllerBasedStatusBarAppearance</key>
    <false/>
</dict>
...
```

12.5　使用封装好的 PlatformView 构建隐私策略页面

在 12.4 节，我们简单使用了 PlatformView，了解了其基本的使用原理。在实际的应用开发过程中，我们往往会使用已经封装好的 PlatformView 来实现一些平台特有的功能，例如 WebView。

本节中我们会使用 Flutter 官方封装好的 `webview_flutter`，构建一个隐私策略页面。

当把应用提交到应用商店时，应用商店会要求应用在比较明显的地方展示隐私策略页面，说明应用会使用到用户的哪些数据以及会如何处理这些数据。

12.5.1　引入 `webview_flutter`

和之前一样，首先需要在 pubspec.yaml 文件中引入 `webview_flutter` 的依赖：

```
// pubspec.yaml
...
  shared_preferences: ^0.5.3
  crypto: ^2.1.4
  sqflite: ^1.3.1
  webview_flutter: ^0.3.22

dev_dependencies:
  flutter_test:
```

12.5.2　使用 `webview_flutter`

接下来就可以按照 `webview_flutter` 的说明，直接创建一个页面去展示对应的隐私策略页面：

```
// lib/const/route_argument.dart
...

  TodoEntryArgument(this.userKey);
}

class WebViewArgument {
  final String url;
  final String title;

  WebViewArgument(this.url, this.title);
}
...

// lib/const/route_url.dart
...
const TODO_ENTRY_PAGE_URL = '/entry';
const EDIT_TODO_PAGE_URL = '/edit';
const LOCATION_DETAIL_PAGE_URL = '/location_detail';
const WEB_VIEW_PAGE_URL = '/webview';
...

// lib/main.dart
...
```

```dart
void main() => runApp(MyApp());

...
  TODO_ENTRY_PAGE_URL: (context) => TodoEntryPage(),
  EDIT_TODO_PAGE_URL: (context) => EditTodoPage(),
  LOCATION_DETAIL_PAGE_URL: (context) => LocationDetailPage(),
  WEB_VIEW_PAGE_URL: (context) => WebViewPage(),
};

class MyApp extends StatelessWidget {
...

// lib/pages/about.dart
class AboutPage extends StatelessWidget {
  ...

  @override
  Widget build(BuildContext context) {
    return Scaffold(
      ...
      body: Center(
        child: Column(
          children: <Widget>[
            ...
            Expanded(
              child: Container(
                child: Column(
                  crossAxisAlignment: CrossAxisAlignment.stretch,
                  children: <Widget>[
                    ...
                    FlatButton(
                      child: Text(
                        '隐私政策',
                        style: TextStyle(
                          color: Colors.grey,
                          decoration: TextDecoration.underline,
                          decorationStyle: TextDecorationStyle.dotted,
                        ),
                      ),
                      onPressed: () => Navigator.of(context).pushNamed(
                        WEB_VIEW_PAGE_URL,
                        arguments: WebViewArgument(
                          'https://forelax.space/privacy-policy/',
                          '隐私政策',
                        ),
                      ),
                    ),
                    ...
                  ],
                ),
              ),
            ),
          ],
        ),
```

```
      ),
    );
  }
}

// lib/pages/webview.dart
...
import 'package:flutter/material.dart';
import 'package:todo_list/const/route_argument.dart';
import 'package:webview_flutter/webview_flutter.dart';

class WebViewPage extends StatelessWidget {
  const WebViewPage({Key key}) : super(key: key);

  @override
  Widget build(BuildContext context) {
    WebViewArgument argument = ModalRoute.of(context).settings.arguments;
    return Scaffold(
      appBar: AppBar(
        title: Text(argument.title),
      ),
      body: WebView(
        initialUrl: argument.url,
      ),
    );
  }
}
...
```

12.6 小结

本章中我们主要了解了 Flutter 中动画的使用方式,并为我们的待办事项应用增加了对应的动画效果。除此之外,我们还了解了如何利用 PlatformChannel 和 PlatformView 来复用已有的本地端代码。基于以上知识点,我们进一步完善了待办事项应用。

第 13 章

为我们的待办事项应用增加完整的处理逻辑

到目前为止，我们已经通过待办事项应用了解了大部分 UI 开发中需要了解的知识。不过这个应用还没有比较完善的逻辑，因此本章中我们会为它增加必要的逻辑，包括以下几点。

☐ 待办事项应用的"列表"页面能够和"日历"页面共享数据。

☐ 能够在"登录"页面通过 HTTP 与后台交互，并校验用户名和密码的正确性。

☐ 用户首次登录后，应用中能够保存登录状态以及列表信息，让用户第二次进入应用的时候不需要再次登录，且数据与上次退出应用时相同。

☐ 在用户每次进入应用或者下拉刷新时，都将本地数据同步到服务器中。

13.1 完成多页面之间的数据共享

当我们需要在多个页面之间共享同一份数据时，一般有这样两种方法。

☐ 如果是两个页面之间需要共享或者传递数据，那么可以直接使用 Navigator 的路由跳转方法中的参数，通过参数传递数据。我们之前从"列表"页面跳转到"编辑 TODO"页面的时候也使用过这个方法。

☐ 如果是两个以上的页面之间要共享同一份数据，则一般会将数据放置到一个公共对象中，让这些页面能够同时获取这一份数据。

实现第二种方法的手段有很多，可以全局设置一个单例对象，或者使用一些状态管理相关的工具。本节中我们会采取一种比较简单的方式。

13.1.1 利用公共父页面共享数据

在 10.2.1 节的代码编写中，我们曾在 TodoListPage 中创建测试数据，现在就要在多个页面之间共享这些数据（也就是我们一直使用的 TodoList 对象）。此时需要将这些数据提升到一个更高的层面，也就是 TodoEntryPage 中：

```
// lib/pages/todo_entry.dart
...
class _TodoEntryPageState extends State<TodoEntryPage> {
  ...
  TodoList todoList;

  @override
  void initState() {
    super.initState();
    currentIndex = 0;
    todoList = TodoList(generateTodos(3));
    pages = <Widget>[
      TodoListPage(key: todoListPageState, todoList: todoList),
      CalendarPage(todoList: todoList),
      Container(),
      ReporterPage(todoList: todoList),
      AboutPage(),
    ];
  }

// lib/pages/todo_list.dart
...

class TodoListPage extends StatefulWidget {
  const TodoListPage({
    Key key,
    this.todoList,
  }) : super(key: key);

  final TodoList todoList;

  ...

  @override
  void initState() {
    super.initState();
    todoList = widget.todoList;
  }

  ...
}
// lib/pages/calendar.dart
...

class CalendarPage extends StatelessWidget {

  const CalendarPage({Key key, this.todoList}) : super(key: key);
  final TodoList todoList;
  ...
}

// lib/pages/reporter.dart
...
```

```
class ReporterPage extends StatelessWidget {
  const ReporterPage({Key key, this.todoList}) : super(key: key);

  final TodoList todoList;

  ...
}
```

之后就可以在 TodoEntryPage 中创建其他页面的时候，将数据作为构造函数的参数进行传递。

13.1.2 同步数据变化

仅仅将数据共享是不够的，如果某个页面中 TodoList 的内容发生了变化，还需要将这个发生变化的信息传递给其他页面。这里我们可以直接使用 Dart 中提供的 ValueNotifier 这个 mixin 实例，让 TodoList 拥有我们在之前的 Animation 中看到的添加变更回调的能力：

```
// lib/model/todo_list.dart
...

enum TodoListChangeType {
  Delete,
  Insert,
  Update,
}

class TodoListChangeInfo {
  const TodoListChangeInfo({
    this.todoList = const <Todo>[],
    this.insertOrRemoveIndex = -1,
    this.type = TodoListChangeType.Update,
  });

  final int insertOrRemoveIndex;
  final List<Todo> todoList;
  final TodoListChangeType type;
}

const emptyTodoListChangeInfo = TodoListChangeInfo();

class TodoList {
class TodoList extends ValueNotifier<TodoListChangeInfo> {
  final List<Todo> _todoList;

  TodoList(this._todoList) : super(emptyTodoListChangeInfo) {
    _sort();
  }

  ...

  void add(Todo todo) {
    _todoList.add(todo);
```

```
    _sort();
    int index = _todoList.indexOf(todo);
    value = TodoListChangeInfo(
      insertOrRemoveIndex: index,
      type: TodoListChangeType.Insert,
      todoList: list,
    );
  }

  void remove(String id) {
...
    int index = _todoList.indexOf(todo);
    List<Todo> clonedList = List.from(_todoList);
    _todoList.removeAt(index);
    value = TodoListChangeInfo(
      insertOrRemoveIndex: index,
      type: TodoListChangeType.Delete,
      todoList: clonedList,
    );
  }

  void update(Todo todo) {
    _sort();
    value = TodoListChangeInfo(
      type: TodoListChangeType.Update,
      todoList: list,
    );
  }

...
}
```

在这段代码中，首先构造了一个 TodoListChangeInfo 类，用于记录 TodoList 的变更情况，以便我们在 TodoList 中利用 ValueNotifier 这个 mixin 向外发布 TodoList 的数据更新详情。ValueNotifier 的实现过程并不复杂，这里我们只需要在 TodoList 发生变化的时候，调用 ValueNotifier 中声明的 value 属性的 set 方法即可。

接下来，在各个用到 TodoList 的页面中利用 ValueNotifier 的 addListener 方法增加对回调的监听即可，例如在 TodoListPage 中增加如下代码：

```
// lib/pages/todo_list.dart
...

class TodoListPage extends StatefulWidget {
  const TodoListPage({this.todoList});

  final TodoList todoList;

...
  void initState() {
    super.initState();
```

```
    todoList = widget.todoList;
    todoList.addListener(_updateTodoList);
}

void _updateTodoList() {
    TodoListChangeInfo changeInfo = todoList.value;
    if (changeInfo.type == TodoListChangeType.Update) {
        setState(() {});
    } else if (changeInfo.type == TodoListChangeType.Delete) {
        Todo todo = changeInfo.todoList[changeInfo.insertOrRemoveIndex];
        animatedListKey.currentState.removeItem(changeInfo.insertOrRemoveIndex, (
            BuildContext context,
            Animation<double> animation,
        ) {
            return SizeTransition(
                sizeFactor: animation,
                child: TodoItem(todo: todo),
            );
        });
    } else if (changeInfo.type == TodoListChangeType.Insert) {
        animatedListKey.currentState.insertItem(changeInfo.insertOrRemoveIndex);
    } else {
        // 编写逻辑
    }
}

@override
void dispose() {
    todoList.removeListener(_updateTodoList);
    super.dispose();
}

void addTodo(Todo todo) {
    todoList.add(todo);
    animatedListKey.currentState.insertItem(index);
}

void removeTodo(Todo todo) async {
    ...
        );
    });
    if (result) {
        int index = todoList.list.indexOf(todo);
        todoList.remove(todo.id);
        animatedListKey.currentState.removeItem(index, (
            BuildContext context,
            Animation<double> animation,
        ) {
            return SizeTransition(
                sizeFactor: animation,
                child: TodoItem(todo: todo),
            );
        });
    }
```

```
      }
...
              todo: todo,
          ),
        );
        setState(() {
          todoList.update(todo);
        });
        todoList.update(todo);
      },
      onFinished: (Todo todo) {
        setState(() {
          todo.isFinished = !todo.isFinished;
          todoList.update(todo);
        });
        todo.isFinished = !todo.isFinished;
        todoList.update(todo);
      },
      onStar: (Todo todo) {
        setState(() {
          todo.isStar = !todo.isStar;
          todoList.update(todo);
        });
        todo.isStar = !todo.isStar;
        todoList.update(todo);
      },
      onLongPress: removeTodo,
    ),
    ...
```

往其他页面添加的代码也大同小异。需要注意的是，在退出页面时，我们需要利用 dispose 方法将页面持有的内容销毁掉。

"日历"页面与"任务回顾"页面应该如何实现？

"日历"页面与"任务回顾"页面在 UI 页面的组件方面，和之前介绍的页面并没有太大差别，在实际的实现中，我们仅使用了一个叫作 table_calendar 的 pub 来方便快捷地实现日历视图。因此，这两个页面的构建过程就不在这里赘述了，完整的代码可以在我们提供的示例代码中查看。

13.2 为"登录"页面和"注册"页面增加网络请求

在现在的移动开发中，可以说没有哪个成熟的应用是不需要发送网络请求的。因此掌握网络请求的发送与接收，对于一个合格的 Flutter 开发者来说非常重要。

在开始介绍正式的代码之前，先简单学习一下我们即将用到的 HTTP 请求相关的知识。

13.2.1　HTTP 的基础知识

HTTP（Hypertext Transfer Protocol，超文本传输协议）是一个定义了客户端和服务器之间请求与应答标准的协议。简单点儿说，HTTP 规范了客户端和服务器如何以文本的形式相互发送请求。本书中，对于 HTTP 请求，我们需要着重关注以下这些方面。

- **请求方法（reqeust method）**：HTTP 协议一共定义了 9 种请求方法，在我们平常的开发过程中，使用最多的是 GET、POST、DELETE、PUT 这几种。
- **请求地址（request host）**：就是我们的请求要发送到的服务器的地址。这个地址可以是一个域名，也可以是一个 IP 地址，只要符合 URL 的规范即可。如果 HTTP 请求地址中没有指定端口号，则默认使用 80 端口。
- **请求头（request header）**：请求头中一般包含客户端额外发送给服务端的一些信息。比如，可以在请求头中利用 `Content-Type:application/json` 这个请求头告诉服务器，所发送的请求中的内容是 JSON 类型的信息。
- **请求体（request body）**：如果只是需要发送一些简单的内容给服务器，直接在请求地址拼接参数即可。但如果需要发送的是一些比较复杂的请求内容，就得把这些内容放在请求体中。

对于 HTTP 的返回值，需要了解以下几点。

- **状态码（status code）**：HTTP 协议中定义了很多状态码，使得 HTTP 协议的使用者可以利用这些状态码区分服务器的不同返回值。可以使用下列规则区分不同的状态码。
  - 1xx：表示服务器已经接收到了信息，只是需要再做进一步的处理。
  - 2xx：表示服务器已经接收到了信息，并且一切正常。
  - 3xx：表示服务器已经接收到了信息，只是客户端需要重定向到其他地址，才可以获取想要的信息。
  - 4xx：表示客户端发送过来的信息有误，服务器无法处理，这其中最为著名的就是 404 状态码，表示客户端请求的资源不存在。
  - 5xx：表示服务器在处理客户端请求的过程中出现了异常。
- **响应体（response body）**：如果需要从服务器中获取数据，那么只能从服务器返回的响应体中获得对应的信息。

虽然 HTTP 已经尽可能详尽地为我们定义了所有状态码，但是在实际的工程实践中，仅仅依靠状态码，客户端有的时候也很难分辨出当前请求出现错误的具体原因。因此，很多服务器干脆对所有的请求都返回 200，然后在响应体中给出一个单独的 `error` 字段，来描述当前发生的错误。我们在本书实现的服务器也遵从这个约定，所有错误都需要从响应体的 `error` 字段中获取。

13.2.2　利用我们提供的服务器完成网络请求

在接下来的开发中，会涉及一些关于网络请求的开发。别担心，我们已经提供了一个下载即可用的本地网络服务器。请前往 https://github.com/FunnyFlutter/funny_flutter_server/releases/，下载对应平台的二进制文件，如图 13-1 所示。

图 13-1　不同平台的二进制文件

这里我们以 macOS 平台为例，利用终端打开 funny_flutter_server-macos 文件后，可以看到 Funny Flutter API server started on: http://localhost:8989 这样的内容，这说明我们的本地服务器已经启动完毕了。可以用浏览器做一个小小的测试，在浏览器中输入 http://localhost:8989，我们可以看到这个本地服务器向我们返回了 hello world! 的 JSON 内容，如图 13-2 所示。

图 13-2　服务器在浏览器中返回的内容

13.2.3　使用 http 模块发送网络请求

在 Flutter 应用中发送网络请求的过程实际上非常简单，直接使用 http 这个 Dart 包就可以发送一些简单的网络请求了。同时，可以使用 connectivity 包在发送请求以前判断设备的网络状况。

提示

请确保我们在第 12 章中所述的本地服务已经开启，同时为了方便调试本地网络，建议使用模拟器来调试。

首先打开工程中的 pubspec.yaml 文件，在其中添加对 http 和 connectivity 的依赖：

```
// pubspec.yaml
...
  uuid: ^2.2.0
  mock_data: ^1.0.0
  table_calendar: ^2.2.2
  connectivity: ^0.4.5
  http: ^0.12.0

dev_dependencies:
  flutter_test:
```

然后执行 `flutter pub get` 命令，就可以在工程中使用 http 和 connectivity 这两个包了。

接下来，完善一下我们所需要的网络请求的逻辑。在一般的工程实践中，我们会将网络请求相关的代码整合到一个单独的类中，这里我们整合到一个单独的 `NetworkClient` 中：

```
// lib/model/network_client.dart
...
import 'dart:convert';
import 'dart:io';

import 'package:http/http.dart';

const Map<String, String> commonHeaders = {'Content-Type': 'application/json'};
final String baseUrl =
    Platform.isAndroid ? 'http://10.0.2.2:8989' : 'http://localhost:8989';

class NetworkClient {
  NetworkClient._();

  static NetworkClient _client = NetworkClient._();

  factory NetworkClient.instance() => _client;

  Future<String> login(String email, String password) async {
    Map result;
    try {
      Response response = await post(
        '$baseUrl/login',
        body: jsonEncode({
          'email': email,
          'password': password,
        }),
        headers: commonHeaders,
      );
      result = JsonDecoder().convert(response.body);
    } catch (e) {
      result['error'] = '登录失败\n 错误信息为 $e';
    }
    return result['error'];
  }
}
...
```

在这段代码中，我们引入了 http 包，还引入了 Dart 的另外一个核心库：convert。在这里，convert 库的作用主要是在 JSON 格式的 `String` 对象和 `Map` 对象之间互相转化。

之所以这里的请求地址在 Android 平台上是 http://10.0.2.2，是因为这是 Android 模拟器的一个保留地址，请求只有发送给这个地址才是发送给了我们的主机而不是模拟器本身，其中的区别如图 13-3 所示。iOS 模拟器则没有这个区别，模拟器和主机处在同一个网段。

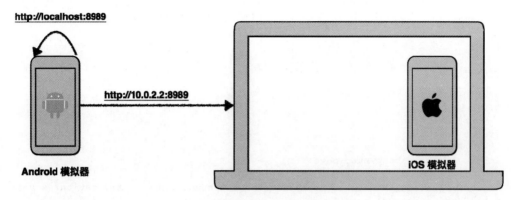

图 13-3　Android 和 iOS 模拟器的区别

　　接下来，在 login.dart 文件中，我们给"登录"按钮增加一个点击后的事件处理逻辑，在这个点击事件中，我们首先会利用 connectivity 包提供的功能检查网络是否连通，如果不连通，就弹出一个提示框告知用户设备尚未连入网络：

```
// lib/pages/login.dart
...

class LoginPage extends StatefulWidget {
  ...
  void _login() {
  void _login() async {
    if (!canLogin) {
      return;
    }
    if (await checkConnectivityResult(context) == false) {
      return;
    }
    setState(() {
      useHero = false;
    });

// lib/utils/network.dart
...

Future<bool> checkConnectivityResult(BuildContext context) async {
  ConnectivityResult connectivityResult = await (Connectivity().checkConnectivity());
  if (connectivityResult == ConnectivityResult.none) {
    showDialog(
      context: context,
      builder: (BuildContext context) => AlertDialog(
        title: Text('请求失败'),
        content: Text('设备尚未连入网络'),
        actions: <Widget>[
          FlatButton(
            child: Text('确定'),
            onPressed: () {
```

```
            Navigator.of(context).pop();
          },
        )
      ],
    ),
  );
  return false;
}
return true;
}
```

接下来，我们添加一下当确定网络连通时，向服务器发送网络请求的代码：

```
// lib/component/dialog.dart
...
class ProgressDialog extends StatelessWidget {
  const ProgressDialog({Key key, this.text}) : super(key: key);

  final String text;

  @override
  Widget build(BuildContext context) {
    return Dialog(
      child: Padding(
        padding: const EdgeInsets.only(top: 15.0, bottom: 15.0),
        child: Row(
          mainAxisAlignment: MainAxisAlignment.center,
          children: <Widget>[
            CircularProgressIndicator(),
            Container(width: 20, height: 20),
            Text('请求中...'),
          ],
        ),
      ),
    );
  }
}

class SimpleAlertDialog extends StatelessWidget {
  const SimpleAlertDialog({Key key, this.title, this.content}) : super(key: key);

  final String title;
  final String content;

  @override
  Widget build(BuildContext context) {
    return AlertDialog(
      title: Text(title),
      content: Text(
        content,
        maxLines: 3,
      ),
      actions: <Widget>[
```

```
      FlatButton(
        child: Text('确定'),
        onPressed: () {
          Navigator.of(context).pop();
        },
      )
    ],
  );
}
}
...

// lib/pages/login.dart
...

class LoginPage extends StatefulWidget {
  ...
    if (await checkConnectivityResult(context) == false) {
      return;
    }
    String email = _emailController.text;
    String password = _passwordController.text;
    showDialog(
      context: context,
      builder: (buildContext) => ProgressDialog(text: '请求中'),
    );
    String result = await NetworkClient.instance().login(email, password);
    Navigator.of(context).pop();
    if (result.isNotEmpty) {
      showDialog(
        context: context,
        builder: (BuildContext context) => SimpleAlertDialog(
          title: '服务器返回信息',
          content: '登录失败，错误信息为：\n$result',
        ),
      );
      return;
    }
    setState(() {
      useHero = false;
    });
  ...
}
```

这段代码本身的逻辑也比较简单，当"登录"页面中的"登录"按钮被点击时，首先会弹出一个弹框提示我们正在网络请求中，然后调用已经封装好的 NetworkClient 发送登录请求。当接收到服务器的返回结果时，会根据对应的返回结果提示用户。

保存代码，在邮箱和密码中分别输入 foo@qq.com 和 foobar，就可以看到如图 13-4 所示的效果。

图 13-4　登录成功的页面状态

如果邮箱和密码输入的是 lazy@qq.com 和 lazylazy，服务器就会在接收到请求 3 秒之后再返回信息，这样我们就可以简单地模拟一下网络情况比较差时的状态，如图 13-5 所示。

图 13-5　模拟网络情况较差时的状态

"注册"页面的逻辑也是类似的，这里我们就不再赘述。

13.3 将数据缓存在本地

到目前为止，应用中的所有数据都是存储在内存中的。也就是说，一旦应用结束运行，所有数据便都会消失，除非再次从网络上拉取。为了改变这种情况，我们需要在应用结束运行之前，将内存中的数据保存在本地的文件系统中。

在一般的应用开发中，本地存储通常有两种形式，一种是比较简单的键值对存储（常简称为 KV 存储），这种方式多用于存储一些比较简单的不需查询的信息，例如当前登录的用户名称等。另外一种是数据库存储，这种方式多用于存储一些数据量较大的有查询需求的信息。

13.3.1 保存登录状态

仅通过一个简单的 KV 存储就可以保存登录状态。KV 存储在 Android 和 iOS 系统上都有简单的实现，因此 Flutter 并没有提供这种存储手段，而是提供了一个桥接了这些原生实现的包，通过 PlatformChannel 直接调用本地写好的存储代码。针对 KV 存储，我们一般会使用 shared_preferences 包。要使用这个包，首先需要在 pubspec.yaml 文件中添加对它的依赖：

```
// pubspec.yaml
...
  table_calendar: ^2.2.2
  connectivity: ^0.4.5
  http: ^0.12.0
  shared_preferences: ^0.5.3

dev_dependencies:
  flutter_test:
```

接下来，我们把保存和读取登录状态相关的代码封装到一个单独的类 LoginCenter 中。由于各个页面都需要用到这个类，因此这里我们将其设计为一个单例的对象：

```
// lib/model/login_center.dart
...
import 'dart:convert';

import 'package:crypto/crypto.dart';
import 'package:shared_preferences/shared_preferences.dart';

const String preferenceKey = 'todo_app_login_key';

class LoginCenter {
  LoginCenter._();

  static LoginCenter _instance = LoginCenter._();
  SharedPreferences _sharedPreferences;

  factory LoginCenter.instance() => _instance;
```

```
Future<void> logout() async {
  await _initSharedPreferences();
  await _sharedPreferences.remove(preferenceKey);
}

Future<String> currentUserKey() async {
  await _initSharedPreferences();
  if (_sharedPreferences.containsKey(preferenceKey)) {
    return _sharedPreferences.getString(preferenceKey);
  }
  return '';
}

Future<String> login(String email) async {
  await _initSharedPreferences();
  String emailKey = sha256.convert(utf8.encode(email)).toString();
  await _sharedPreferences.setString(preferenceKey, emailKey);
  return emailKey;
}

Future<void> _initSharedPreferences() async {
  if (_sharedPreferences == null) {
    _sharedPreferences = await SharedPreferences.getInstance();
  }
}
}
```

在 LoginCenter 类中，主要对外暴露了 login、logout 以及 currentUserKey 三个方法，分别用于登录、退出以及获取当前登录用户的标识。在这三个方法的实现中，都使用 shared_preferences 包将信息持久化，保证即便应用退出，登录信息也能保存下来。

由于在客户端将邮箱地址明文存储是一件比较有安全风险的事情，因此这里我们使用 crypto 这个 Dart 包将邮箱地址以 Hash 值的形式存储：

```
// pubspec.yaml
...
  connectivity: ^0.4.5
  http: ^0.12.0
  shared_preferences: ^0.5.3
  crypto: ^2.1.4

dev_dependencies:
  flutter_test:
```

接下来，回到我们的 HomePage，增加如下代码来使用 LoginCenter 类：

```
// lib/pages/home.dart
...

class HomePage extends StatelessWidget {
  void _goToLoginOrTodoEntry(BuildContext context) async {
```

```
  String currentUserKey = await LoginCenter.instance().currentUserKey();
  if (currentUserKey.isEmpty) {
    Navigator.of(context).pushReplacementNamed(LOGIN_PAGE_URL);
  } else {
    Navigator.of(context).pushReplacementNamed(
      TODO_ENTRY_PAGE_URL,
      arguments: TodoEntryArgument(currentUserKey),
    );
  }
}


@override
Widget build(BuildContext context) {
  _goToLoginOrTodoEntry(context);
  return Container();
}
}
...
```

然后需要在"登录"页面和"关于"页面中，分别执行对应的登录和退出登录的逻辑，将对应的登录信息存储到本地或者从本地移除：

```
// lib/pages/login.dart
...
class _LoginPageState extends State<LoginPage> with SingleTickerProviderStateMixin {
  ...
  void _login() async {
    ...
    setState(() {
      useHero = false;
    });
    String currentUserKey = await LoginCenter.instance().login(email);
    Navigator.of(context).pushReplacementNamed(
      TODO_ENTRY_PAGE_URL,
      arguments: TodoEntryArgument(currentUserKey),
    );
  }
  ...
// lib/pages/about.dart
import 'package:flutter/material.dart';
import 'package:todo_list/component/image_hero.dart';
import 'package:todo_list/const/route_url.dart';
import 'package:todo_list/model/login_center.dart';

class AboutPage extends StatelessWidget {
  @override
  Widget build(BuildContext context) {
    return Scaffold(
      appBar: AppBar(
        automaticallyImplyLeading: false,
        title: Text('关于'),
      ),
      body: Center(
```

```
...
      bottom: 12,
    ),
    child: FlatButton(
      onPressed: () async {
        await LoginCenter.instance().logout();
        Navigator.of(context).pushReplacementNamed(LOGIN_PAGE_URL);
      },
      color: Colors.red,
      disabledColor: Colors.red,
```

通过这种方式，我们就实现了保存登录状态的功能。

13.3.2　保存列表信息

我们已经利用键值存储的方式保存了比较简单的数据，对于比较复杂的列表数据，则需要使用数据库存储的方式。

在移动端，通常使用 SQLite 数据库管理本地数据。与 shared_preferences 包一样，在 https://pub.dev 中，我们也可以找到一个包 sqflite 来操作 SQLite 数据库，我们可以用这个包完成数据库的存储。

sqflite 为我们封装了一系列的数据库存储操作，由于其底层依旧是 SQLite 数据库，因此我们在使用它的过程中也需要写一些 SQL 语句，类似下面这样：

```
// 打开一个数据库实例
Database database = await openDatabase(
  path,
  version: 1,
  onCreate: (Database db, intversion) async {
    // 在打开数据库后，利用 SQL 创建一个数据表
    await db.execute('CREATE TABLE Test(id INTEGER PRIMARYKEY,name TEXT,value INTEGER,
      num REAL)');
  },
);
```

为了统一存储到数据库中的 Todo 对象的形式，首先在其中增加一些内容，为其能够存储到数据库中做一些基础支持：

```
// lib/model/todo.dart
...
import 'package:todo_list/extension/date_time.dart';
import 'package:uuid/uuid.dart';

const String ID = 'id';
const String TITLE = 'title';
const String DESCRIPTION = 'description';
const String DATE = 'date';
const String START_TIME = 'start_time';
```

```dart
const String END_TIME = 'end_time';
const String PRIORITY = 'priority';
const String IS_FINISHED = 'is_finished';
const String IS_STAR = 'is_star';
const String LOCATION_LATITUDE = 'location_latitude';
const String LOCATION_LONGITUDE = 'location_longitude';
const String LOCATION_DESCRIPTION = 'location_description';

timeOfDayToString(TimeOfDay timeOfDay) => '${timeOfDay.hour}:${timeOfDay.minute}';
timeOfDayFromString(String string) {
  return TimeOfDay(
    hour: int.parse(string.split(':').first),
    minute: int.parse(string.split(':').last),
  );
}

class Priority {
  /// 优先级对应的数值，如 0
  final int value;
    ...
    }
    return TodoStatus.unspecified;
  }

  Map<String, dynamic> toMap() {
    return {
      ID: id,
      TITLE: title,
      DESCRIPTION: description,
      DATE: date.millisecondsSinceEpoch.toString(),
      START_TIME: timeOfDayToString(startTime),
      END_TIME: timeOfDayToString(endTime),
      PRIORITY: priority.value,
      IS_FINISHED: isFinished ? 1 : 0,
      IS_STAR: isStar ? 1 : 0,
      LOCATION_LATITUDE: location?.latitude?.toString() ?? '0',
      LOCATION_LONGITUDE: location?.latitude?.toString() ?? '0',
      LOCATION_DESCRIPTION: location?.description ?? '',
    };
  }

  static Todo fromMap(Map<String, dynamic> map) {
    return Todo(
      id: map[ID],
      title: map[TITLE],
      description: map[DESCRIPTION],
      date: DateTime.fromMillisecondsSinceEpoch(int.parse(map[DATE])),
      startTime: timeOfDayFromString(map[START_TIME]),
      endTime: timeOfDayFromString(map[END_TIME]),
      priority: Priority.values.firstWhere((p) => p.value == map[PRIORITY]),
      isFinished: map[IS_FINISHED] == 1 ? true : false,
      isStar: map[IS_STAR] == 1 ? true : false,
      location: Location(
        longitude: double.parse(map[LOCATION_LONGITUDE]),
```

```
        latitude: double.parse(map[LOCATION_LONGITUDE]),
        description: map[LOCATION_DESCRIPTION],
      ),
    );
  }
}
...
```

然后，将数据库相关的操作封装到一个统一的 DbProvider 类中：

```dart
// lib/model/db_provider.dart
...
import 'package:sqflite/sqflite.dart';
import 'package:todo_list/model/todo.dart';

const String DB_NAME = 'todo_list.db';
const String TABLE_NAME = 'todo_list';
const String CREATE_TABLE_SQL = '''
create table $TABLE_NAME (
  $ID text primary key,
  $TITLE text,
  $DESCRIPTION text,
  $DATE text,
  $START_TIME text,
  $END_TIME text,
  $PRIORITY integer,
  $IS_FINISHED integer,
  $IS_STAR integer,
  $LOCATION_LATITUDE text,
  $LOCATION_LONGITUDE text,
  $LOCATION_DESCRIPTION text
)
''';

class DbProvider {
  DbProvider(this._dbKey);

  Database _database;
  String _dbKey;

  Future<List<Todo>> loadFromDataBase() async {
    await _initDataBase();
    List<Map<String, dynamic>> dbRecords = await _database.query(TABLE_NAME);
    return dbRecords.map((item) => Todo.fromMap(item)).toList();
  }

  Future<int> add(Todo todo) async {
    return _database.insert(
      TABLE_NAME,
      todo.toMap(),
      conflictAlgorithm: ConflictAlgorithm.replace,
    );
  }
```

```
Future<int> remove(Todo todo) async {
  return _database.delete(
    TABLE_NAME,
    where: '$ID = ?',
    whereArgs: [todo.id],
  );
}

Future<int> update(Todo todo) async {
  return _database.update(
    TABLE_NAME,
    todo.toMap(),
    where: '$ID = ?',
    whereArgs: [todo.id],
  );
}

Future<void> _initDataBase() async {
  if (_database == null) {
    _database = await openDatabase(
      '$_dbKey\_$DB_NAME',
      version: 1,
      onCreate: (Database database, int version) async {
        await database.execute(CREATE_TABLE_SQL);
      },
    );
  }
}
}
```

之后，在 TodoList 模型中使用这个 DbProvider 类：

```
// lib/model/todo_list.dart
import 'package:flutter/foundation.dart';
import 'package:todo_list/model/todo.dart';

import 'db_provider.dart';

enum TodoListChangeType {
  Delete,
  Insert,
...
const emptyTodoListChangeInfo = TodoListChangeInfo();

class TodoList extends ValueNotifier<TodoListChangeInfo> {
  List<Todo> _todoList = [];
  DbProvider _dbProvider;
  final String userKey;

  TodoList(this.userKey) : super(emptyTodoListChangeInfo) {
    _dbProvider = DbProvider(userKey);
    _dbProvider.loadFromDataBase().then((List<Todo> todoList) async {
      if (todoList.isNotEmpty) {
        todoList.forEach((e) => add(e));
```

```
      }
    });
  }

  ...
  void add(Todo todo) {
    ...
    int index = _todoList.indexOf(todo);
    _dbProvider.add(todo);
    ...
  }

  void remove(String id) {
    ...
    _todoList.removeAt(index);
    _dbProvider.remove(todo);
    ...
  }

  void update(Todo todo) {
    _sort();
    _dbProvider.update(todo);
    value = TodoListChangeInfo(
      type: TodoListChangeType.Update,
      todoList: list,
    );
    ...
  }
  ...
}
// lib/pages/todo_entry.dart

class _TodoEntryPageState extends State<TodoEntryPage> with WidgetsBindingObserver {
  ...
  void initState() {
    super.initState();
    currentIndex = 0;
    todoList = TodoList(generateTodos(3));
  }

  @override
  void didChangeDependencies() {
    super.didChangeDependencies();
    TodoEntryArgument arguments = ModalRoute.of(context).settings.arguments;
    String userKey = arguments.userKey;
    todoList = TodoList(userKey);
    ...
  }
  ...
}
```

  在上面这段代码中，我们首先在创建 TodoList 的时候初始化了 DbProvider。接着在每次数据更新时，都用 DbProvider 将当前的数据存储到数据库中。最后，在外部的页面中，我们利用 UserKey 作为索引来获取数据库中的数据。这样一来，就完成了本地数据的保存工作。

13.4　将本地数据上传到网络

仅仅将数据保存在本地是不够的，一个合格的移动应用还需要具备合理的数据备份机制，保证当用户更换设备或者删除应用后，再次使用应用时之前的数据依旧存在，也就是说还需要将数据上传到网络。我们会在每次进入应用以及下拉刷新时，从网络获取一次数据并将其与本地保存的数据做对比。这种情况下，很可能会出现数据不一致的情况，这里我们演示一种比较简单的做法，即仅仅比较两种数据的新旧，然后选择比较新的数据。同时我们会在应用退出登录或进入后台之前，把所有数据上传到网络。

13.4.1　将数据上传到服务器

和之前一样，这里我们依旧使用本地服务器完成将数据上传到服务器的操作。在我们的服务器中定义了这样两个API：

```
// 第一个 API: GET /list?email=foo@qq.com
//response
{
  "error": "",
  "data": {
    "data": [
      {
        "id": "1",
        "title": "test",
        "description": "test",
        "date": 1571559479210,
        "start_time": "1:2",
        "end_time": "2:3",
        "priority": 0,
        "is_finished": 0,
        "is_star": 0,
        "location_latitude": 0,
        "location_longitude": 0,
        "location_description": 0
      }
    ],
    "timestamp": 1571559479210
  }
}

// 第二个 API: POST /list
{
  "email": "helloworld@163.com",
  "timestamp": 1571559479210,
  "data": [
    {
      "id": "1",
      "title": "test",
      "description": "test",
```

```
    "date": 1571559479210,
    "start_time": "1:2",
    "end_time": "2:3",
    "priority": 0,
    "is_finished": 0,
    "is_star": 0,
    "location_latitude": 0,
    "location_longitude": 0,
    "location_description": 0
    }
  ]
}
//response
{
  "error": "",
  "data": []
}
```

将这部分逻辑添加到之前写好的 `NetworkClient` 中：

```
// lib/model/network_client.dart
...
class NetworkClient {

  ...

  Future<String> uploadList(List<Todo> list, String userKey) async {
    Map result = {};
    try {
      Response response = await post(
        '$baseUrl/list',
        body: JsonEncoder().convert({
          'userKey': userKey,
          'timestamp': DateTime.now().millisecondsSinceEpoch,
          'data': list.map((todo) => todo.toMap()).toList(),
        }),
        headers: {
          'Content-Type': 'application/json',
        },
      );
      result = JsonDecoder().convert(response.body);
    } catch (e) {
      result['error'] = '服务器请求失败，请检查网络连接';
    }
    return result['error'];
  }
}
...
```

然后，需要在应用退出登录或进入后台之前，将数据上传到服务器中：

```
// lib/pages/about.dart
...
```

```dart
class AboutPage extends StatelessWidget {
  const AboutPage({Key key, this.todoList, this.userKey}) : super(key: key);

  final TodoList todoList;
  final String userKey;

  @override
  Widget build(BuildContext context) {
    return Scaffold(
      ...
      body: Center(
        child: Column(
          children: <Widget>[
            ...
            Expanded(
              child: Container(
                child: Column(
                  crossAxisAlignment: CrossAxisAlignment.stretch,
                  children: <Widget>[
                    ...
                    Padding(
                      ...
                      child: FlatButton(
                        onPressed: () async {
                          await NetworkClient.instance().uploadList(
                            todoList.list,
                            userKey,
                          );
                          await LoginCenter.instance().logout();
                          Navigator.of(context).pushReplacementNamed(LOGIN_PAGE_URL);
                        },
                        ...
                      ),
                    ),
                  ],
                ),
              ),
            ),
          ],
        ),
      ),
    );
  }
}


// lib/pages/todo_entry.dart
...

class _TodoEntryPageState extends State<TodoEntryPage> with WidgetsBindingObserver {
  int currentIndex;
  List<Widget> pages;
  TodoList todoList;
  String userKey;
```

```
@override
void initState() {
  super.initState();
  currentIndex = 0;
  WidgetsBinding.instance.addObserver(this);
}
...
void didChangeDependencies() {
  super.didChangeDependencies();
  TodoEntryArgument arguments = ModalRoute.of(context).settings.arguments;
  userKey = arguments.userKey;
  todoList = TodoList(userKey);
  pages = <Widget>[
    TodoListPage(todoList: todoList),
    CalendarPage(todoList: todoList),
    Container(),
    ReporterPage(todoList: todoList),
    AboutPage(todoList: todoList, userKey: userKey),
  ];
}

...

void dispose() {
  todoList.dispose();
  WidgetsBinding.instance.removeObserver(this);
  super.dispose();
}

@override
void didChangeAppLifecycleState(AppLifecycleState state) {
  if (state == AppLifecycleState.paused) {
    NetworkClient.instance().uploadList(todoList.list, userKey);
  }
  super.didChangeAppLifecycleState(state);
}

...
}
```

上面这段代码没有太复杂的地方，唯一需要注意的是这里我们通过引入 WidgetsBinding-Observer 这个 mixin 实例添加了应用进入后台时的回调。

13.4.2　从服务器获取数据

从服务器中获取数据的过程也比较简单，我们首先在 NetworkClient 中增加对应的方法：

```
// lib/model/network_client.dart
...
```

```
class NetworkClient {
  ...

  Future<FetchListResult> fetchList(String userKey) async {
    FetchListResult result;
    try {
      Response response = await get(
        '$baseUrl/list?userKey=$userKey',
        headers: commonHeaders,
      );
      result = FetchListResult.fromJson(JsonDecoder().convert(response.body));
    } catch (e) {
      result = FetchListResult(error: '服务器请求失败，请检查网络连接');
    }
    return result;
    ;
  }
}

class FetchListResult {
  final List<Todo> data;
  final DateTime timestamp;
  final String error;

  FetchListResult({this.data, this.timestamp, this.error = ''});

  factory FetchListResult.fromJson(Map<dynamic, dynamic> json) {
    return FetchListResult(
      data: json['data']['data'].map<Todo>((e) => Todo.fromMap(e)).toList(),
      timestamp: DateTime.fromMicrosecondsSinceEpoch(json['data']['timestamp']),
    );
  }
}
```

然后，在 TodoList 模型中增加获取服务器信息以及处理内容冲突的逻辑：

```
// lib/model/db_provider.dart
...

const String EDIT_TIME_KEY = 'todo_list_edit_timestamp';

class DbProvider {
  DbProvider(this._dbKey);

  Database _database;
  SharedPreferences _sharedPreferences;
  String _dbKey;
  DateTime _editTime = DateTime.fromMillisecondsSinceEpoch(0);
  DateTime get editTime => _editTime;

  String get editTimeKey => '$EDIT_TIME_KEY-$_dbKey';

  Future<List<Todo>> loadFromDataBase() async {
    await _initDataBase();
```

```
      if (_sharedPreferences.containsKey(editTimeKey)) {
        _editTime = DateTime.fromMillisecondsSinceEpoch(
          _sharedPreferences.getInt(editTimeKey),
        );
      }
      ...
    }

  Future<int> add(Todo todo) async {
    _updateEditTime();
    ...
  }

  Future<int> remove(Todo todo) async {
    _updateEditTime();
    ...
  }

  Future<int> update(Todo todo) async {
    _updateEditTime();
    ...
  }

  void _updateEditTime() {
    _editTime = DateTime.now();
    _sharedPreferences.setInt(editTimeKey, _editTime.millisecondsSinceEpoch);
  }

  Future<void> _initDataBase() async {
    if (_database == null) {
      _database = await openDatabase(
...
        },
      );
    }
    if (_sharedPreferences == null) {
      _sharedPreferences = await SharedPreferences.getInstance();
    }
  }
}
...

// lib/model/todo_list.dart

  ...
  TodoList(this.userKey) : super(emptyTodoListChangeInfo) {
    _dbProvider = DbProvider(userKey);
    _dbProvider.loadFromDataBase().then((List<Todo> todoList) async {
      if (todoList.isNotEmpty) {
        todoList.forEach((e) => add(e));
      }
      syncWithNetwork();
    });
  }
```

```
...

  Future<void> syncWithNetwork() async {
    FetchListResult result = await NetworkClient.instance().fetchList(userKey);
    if (result.error.isEmpty) {
      if (_dbProvider.editTime.isAfter(result.timestamp)) {
        await NetworkClient.instance().uploadList(list, userKey);
      } else {
        List.from(_todoList).forEach((e) => remove(e.id));
        result.data.forEach((e) => add(e));
      }
    }
  }
}
...
```

这里我们采取的冲突处理策略也十分简单。首先，在 DbProvider 中增加一个用于记录编辑时间的属性。每次我们利用 DbProvider 把数据存储到数据库中时都更新一下编辑时间，并将其持久化存储。之后当我们要和服务端数据同步的时候，就对比一下服务端数据的时间和本地保存的编辑时间，如果后者晚于前者，就将本地数据上传，反之用网络数据覆盖本地数据。

最后，我们需要在 TodoListPage 和 TodoEntryPage 中增加对应的调用同步数据的代码，这里我们分别在应用回到前台和用户主动触发下拉刷新的时候触发同步数据：

```
// lib/pages/todo_entry.dart
class _TodoEntryPageState extends State<TodoEntryPage> with WidgetsBindingObserver {
  ...
  @override
  void didChangeAppLifecycleState(AppLifecycleState state) {
    ...
    if (state == AppLifecycleState.resumed) {
      todoList.syncWithNetwork();
    }
    super.didChangeAppLifecycleState(state);
  }
  ...
}

// lib/pages/todo_list.dart
...

class TodoListPageState extends State<TodoListPage> {
  ...
  @override
  Widget build(BuildContext context) {
    return Scaffold(
      ...
      body: RefreshIndicator(
        onRefresh: () => widget.todoList.syncWithNetwork(),
        child: AnimatedList(
          key: animatedListKey,
```

```
        initialItemCount: todoList.length,
        itemBuilder: (BuildContext context, int index, Animation<double> animation) {
          ...
          );
        },
      ),
    ),
  );
  }
}
```

13.5 小结

在本章中，我们学习了如何在多个页面之间共享同一份数据，同时了解了如何使用网络请求以及本地缓存，如何针对不同的缓存需求使用不同的缓存类型，为我们的应用增加了很多十分有用的功能。

第 14 章

是时候发布啦

到目前为止，我们的待办事项应用想要完成的功能已经基本完成得差不多了。如果想让更多人在自己的手机上使用这款应用，就必须把它发布到各大应用商店中。本章我们会一步步教大家如何把已经写好的应用发布到 Android 的各大市场和 iOS 的 App Store 中。

14.1 发布应用前需要了解的一些基础知识

Android 和 iOS 在发布应用的流程和发布工具方面有很多不同之处，不过好在二者有一些概念是相通的，因此在开始实际的操作之前，先来简单地看看二者共有的一些概念：应用元信息。

所谓应用元信息，指的是一些描述应用本身属性的信息。无论是 Android 还是 iOS 的应用市场，都会利用这些应用元信息区分每一个应用。我们将应用元信息展示在表 14-1 中。

表 14-1　不同应用元信息在 Android 和 iOS 系统中的具体术语

元信息名称	元信息作用	Android 术语	iOS 术语
应用名称	用于在应用商店以及用户的手机上展示应用的名称	`android:label`	`BundleName`
应用版本号	用于区分应用的不同构建版本或者发布版本	`versionCode && versionName`	`BundleVersionStringShort && BundleVersionString`
应用包名	用于在应用市场中唯一标识某个应用	`applicationid`	`BundleIdentifier&&BundleName`
最低的系统版本	用于告知应用商店应用支持的最低系统版本，防止某些系统版本过低的用户错误下载此应用	`minSdkVersion`	`DeploymentTarget`

除了表 14-1 所示的这些应用元信息之外，所有应用在发布之前，都还需要签名。所谓签名，就是将应用的一些特征信息用一种特殊的加密方式存储在应用中。当操作系统安装我们的应用时，会将当前所安装应用的特征信息和我们的加密信息做对比，以此判断当前安装的应用是否在传输过程中遭到了篡改。我们在发布待办事项应用之前也需要关注一下签名是否正确。

14.2　发布 Android 应用

发布 Android 应用本身并不复杂，国内各大应用商店都有比较好的指导文档，能够告诉我们如何在它们的平台上发布应用。各个平台的操作基本上大同小异。

14.2.1　在各个平台注册开发者账号

国内一些较常用的 Android 应用商店有应用宝、小米应用商店、华为应用市场、360 应用市场、百度应用市场和阿里应用分发开放平台等。开发者账号的注册只要遵循各大平台的说明即可完成，这里不再赘述。

14.2.2　发布前检查

在待办事项应用发布之前，需要检查我们在 14.1 节介绍的那些应用元信息是否正确。首先来看一下应用名称在哪里设置。打开 android/app/src/main/AndroidManifest.xml 文件，找到以下内容：

```
...
<application
  android:name="io.flutter.app.FlutterApplication"
  android:label="todo_list"
  android:icon="@mipmap/ic_launcher">
...
```

其中的 android:label 就定义了安装在用户手机上的应用的名称，Flutter 在创建工程时会将这个值设置为工程的名称。我们可以试试把这个值修改成其他内容，比如修改成"第一个 App"，然后重新启动应用，就可以看到应用的名称已经变成我们修改后的值了，如图 14-1 所示。

图 14-1　修改后的应用名称

其他元信息都放置在 android/app/build.gradle 文件中：

```
// android/app/build.gradle
...
defaultConfig {
  // TODO: 在这里写上独一无二的 App Id
  applicationId "com.example.funny_todo_app"
  minSdkVersion 16
  targetSdkVersion 28
  versionCode flutterVersionCode.toInteger()
  versionName flutterVersionName
}
...
```

注意，在发布应用之前需要修改 applicationId 的值，保证在已有的应用市场中没有与其相同的。build.gradle 文件中的 flutterVersionCode 和 flutterVersionName 都来自同一级目录中的 lcoal.properties 文件。在我们每次修改 pubspec.yaml 文件中的 version 字段并构建 APK 的时候，Flutter 自带的命令就会将 version 字段的新值更新到 local.properties 文件中。我们可以尝试修改一下 pubspec.yaml 文件中的 version 值：

```
// pubspec.yaml
version:1.0.1+100
```

重新启动应用，可以发现 local.properties 文件中的内容也修改了，其中 1.0.1 对应 versionName，100 对应 versionCode。

14.2.3 修改 Icon

在发布应用之前，还需要修改一下它的 Icon。Flutter 默认为我们生成的 Icon 是 Flutter 的 Logo，这里我们要将这个 Logo 替换为别的图片。

打开我们工程中的 assets/zip/Android-Logo.zip 压缩包并解压。压缩包中已经提供了我们为待办事项应用设计好的 Icon，同时为了达到最好的效果，根据不同的分辨率把 Icon 分在不同的文件夹中，如图 14-2 所示。

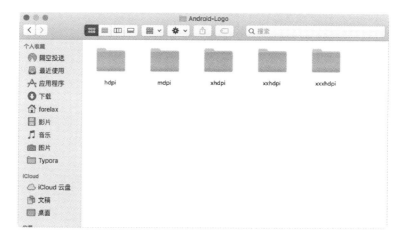

图 14-2　针对不同分辨率区分开的 Icon

之前 Flutter 默认为我们创建的 Icon 资源存放在 android/app/src/main/res 目录下，我们只需要将新设计的 Icon 根据分辨率放置在对应的文件夹下即可。

拓展

我们在图 14-2 中看到的 hdpi 等缩写，代表 Android 系统中的不同分辨率密度。

由于 Android 系统能够在各种不同的机器上运行，而不同机器的屏幕分辨率又不尽相同，因此 Android 希望开发者能够提供不同分辨率大小的 Icon，以便系统针对当前设备的屏幕分辨率密度选择对应的资源。

我们这里使用的不同分辨率和各自对应的 Icon 尺寸总结在了表 14-2 中。

表 14-2　不同分辨率名称及对应的 Icon 尺寸

分　辨　率	Icon 尺寸
mdpi	48×48
hdpi	72×72
xhdpi	96×96
xxhdpi	144×144
xxxhdpi	192×192

在很久以前，还有 ldpi，但是由于这种类型的设备过少，因此现在很少会针对这种类型的设备准备专门的资源。

重启应用，可以看到它的 Icon 已经不是 Flutter 的 Logo 了，如图 14-3 所示。

图 14-3   修改后的 Icon

14.2.4   配置应用发布签名

在日常的开发过程中，我们完全感知不到签名的存在，是因为 gradle 程序会默认替我们生成 debug 时使用的签名。但在发布应用之前，需要生成发布专用的签名，并将我们的签名用在应用的发布流程中。

在 Android 的开发生态中，使用 `keytool` 命令来管理签名时使用的 key，并称 key 的集合为 key store。

第一步，需要在 key store 中创建一个 key，用于后续的签名过程。我们可以使用 Android Studio 来生成 key store，首先利用 Android Studio 打开 android 目录，选择 build → GenerateSignedBundle/APKs，在弹出的窗口中选择 APK，并单击 "NEXT"，如图 14-4 所示。

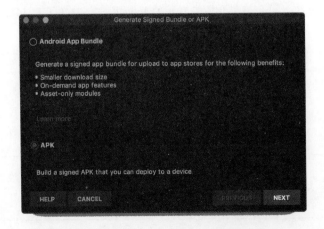

图 14-4   利用 Android Studio 生成 key store（1）

然后在窗口中选择 CREATE NEW...，如图 14-5 所示。

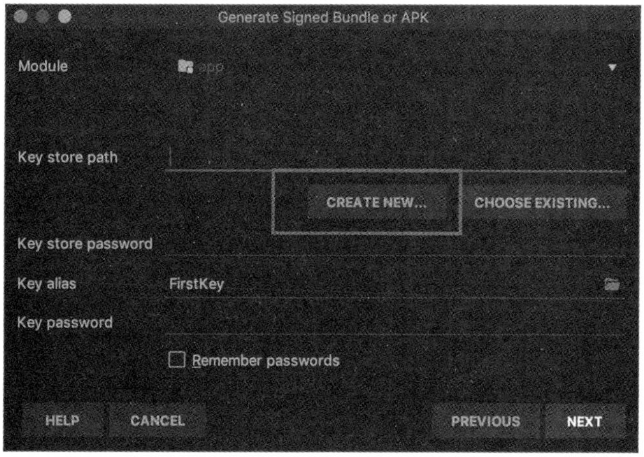

图 14-5　利用 Android Studio 生成 key store（2）

之后在弹出的窗口中一次性填写相关信息，如图 14-6 所示。

图 14-6　利用 Android Studio 生成 key store（3）

这里我们对需要填写的信息做一个简单的介绍。

❑ Key store path：此次要生成的 key store 的保存位置，我们可以选择一个一般用于放置重
　要材料的位置。

❑ Password 和 Confirm：这里填写的是 key store 的密码。

　■ Alias：Android Studio 在生成 key store 的同时还会生成一个 key，Alias 指的是此次生成的 key 的名称。

　■ Password 和 Confirm：此次生成的 key 的密码（注意不要和 key store 的密码重复）。

　■ Validity：此次生成的 key 的有效期，我们一般会填写 25 年以上。

　■ Certificate：这里需要填写证书的信息，注意其下的信息至少要填写一项。

最后单击 OK，此时 Android Studio 已经为我们创建好了一个 key store，在当前页面点击 CANCEL 退出即可。

第二步，需要在我们的 Android 的构建配置文件中使用这个 key store。

首先在 android 目录下，创建一个叫作 key.properties（在 Android 开发中，经常会把一些和本地相关的配置保存在名为 *.properties 的文件中）的新文件。然后根据我们在第一步中创建 key store 时输入的内容，填充 key.properties 文件的内容：

```
storePassword=
keyPassword=
keyAlias=
storeFile=
```

注意

　我们可以看到这个配置文件中的内容都非常敏感，所以如果应用的安全敏感度比较高，最好不要把这个文件加入到 Git 管理中。

上面的操作只是将我们的配置信息保存了起来，接下来还需要能够在构建 APK 的过程中使用这个配置文件中的信息。打开 build.gradle 文件，在文件的最顶端添加以下内容：

```
// android/app/build.gradle
def keystoreProperties = new Properties()
def keystorePropertiesFile = rootProject.file('key.properties')
if (keystorePropertiesFile.exists()) {
  keystoreProperties.load(new FileInputStream(keystorePropertiesFile))
}
```

这里我们用 Groovy 语言首先定义了一个 keystoreProperties 对象，这个对象类似于我们在 Dart 语言中使用的 Map 对象，紧接着获取了刚才创建的 key.properties 文件，并将其加载到 keystoreProperties 对象中，这样我们就可以在接下来的代码中获取写在 key.properties 文件中的内容了。

随后，需要对 build.gradle 文件中的内容做如下更改：

```
// android/app/build.gradle
if (localPropertiesFile.exists()) {
  ...
  versionCode flutterVersionCode.toInteger()
  versionName flutterVersionName
}


  signingConfigs{
    release{
      keyAlias keystoreProperties['keyAlias']
      keyPassword keystoreProperties['keyPassword']
      storeFile file(keystoreProperties['storeFile'])
      storePassword keystoreProperties['storePassword']
    }
  }
  buildTypes{
    release{
      signingConfig signingConfigs.release
    }
  }
}
```

这里不需要深入理解 Groovy 的语法，只要大概知道这段代码首先利用 `signingConfigs` 创建了一个叫作 release 的构建配置，然后将我们之前定义的变量添加到了 release 这个配置中即可。最后，在 buildTypes 里声明在构建 Release 版本的 APK 时，使用 `signingConfigsigning-Configs.release`。

一些细节

Android 系统是不允许把没有签名的 APK 文件安装到手机上的，所以 Android Studio 在我们第一次启动应用的时候，就自动为我们生成了一个 debug 配置的 key，我们可以执行下面的代码来查看这个 key：

```
cd android
./gradlew :app:signingReport
```

当然也可以直接使用这个 debug 配置的 key 来签名我们的 APK，不过大部分应用商店不会接受 debug 签名的 APK。

配置好签名以后，执行这个命令：

```
flutter build apk
```

之后就可以在 build/app/outputs/apk/release/app-release.apk 中得到我们的 Release 版本的 APK 了，将这个 APK 上传给各大应用商店，等待审核通过后，我们的应用就可以被大家下载了！

14.3   发布 iOS 应用

比起上架 Android 的应用市场，上架 iOS 的 App Store 相对来说门槛会高一些。要想将应用上架 App Store，需要缴纳每年 688 元的开发者计划年费，同时由于 Xcode 只能运行在 macOS 上，你还需要有一台 Mac 电脑。不过如果已经确定好要让更多人使用我们的应用，这些就都不是问题。本节我们来看看怎么将应用上架到 App Store。

14.3.1   加入苹果公司的开发者计划

在加入苹果公司的开发者计划之前，首先要有一个 Apple ID，可以打开 https://appleid.apple.com/account 创建一个。创建完后，访问 https://developer.apple.com/enroll/cn/，按照页面上的说明，让我们创建的账户加入苹果公司的开发者计划。

14.3.2   发布前检查

发布前检查要用到 Xcode，所以首先需要保证已经安装好了 Xcode。然后，单击 Android Studio 的 Tools → Flutter → Open iOS module in Xcode，就可以打开 Xcode 了。

在 Xcode 中，可以在 TARGETS → General 中检查我们的发布的名称、发布的 ID，以及版本号，如图 14-7 所示。

图 14-7   Xcode 的发布前检查

拓展

在 iOS 工程中，Flutter 已经以环境变量的方式将 VersionNumber 和 BuildNumber 与 pubspec.yaml 文件中的版本号做了关联，因此我们不需要过于关心这里的版本号。

这里可以利用 Deployment Target 来限制我们的应用所支持的 iOS 系统的最低版本，如图 14-8 所示。

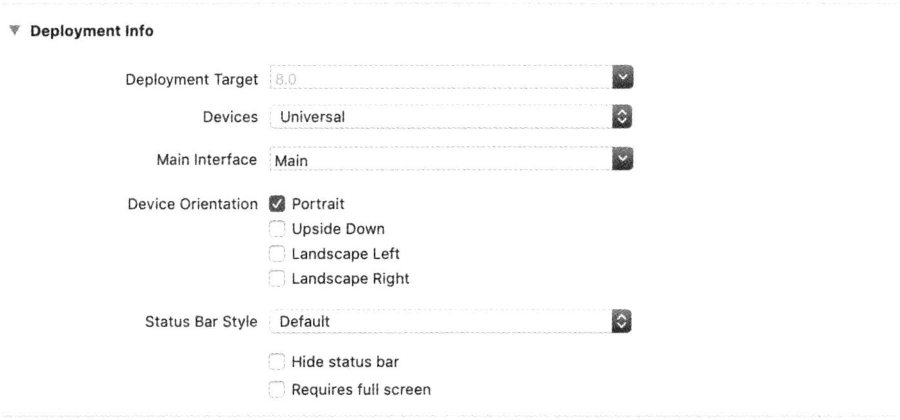

Deployment Info
Deployment Target
8.0
Devices
Universal
Main Interface
Main
Device Orientation
Portrait
Upside Down
Landscape Left
Landscape Right
Status Bar Style
Default
Hide status bar
Requires full screen

图 14-8 确定应用支持的 iOS 系统的最低版本

14.3.3 更改 Icon 和启动图

更改 iOS 应用的 Icon 其实也非常简单，只需要将 assets/zip/iOS-Logo.zip 文件解压，然后将解压所得文件夹中的 Logo，按照对应的图片大小放到 Assets.xcassets 中 AppIcon 的对应槽位即可，如图 14-9 和图 14-10 所示。

Icons
搜索
icon_20pt.png
icon_20pt@2x.png
icon_20pt@3x.png
icon_29pt.png
icon_29pt@2x.png
icon_29pt@3x.png
icon_40pt.png
icon_40pt@2x.png
icon_40pt@3x.png
icon_60pt@2x.png
icon_60pt@3x.png
icon_76pt.png
icon_76pt@2x.png
icon_83.5@2x.png
Icon.png

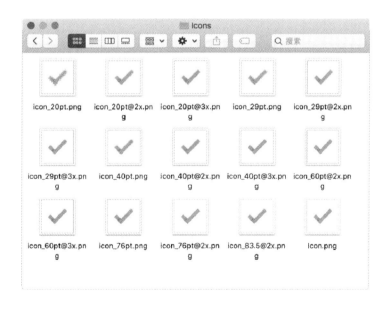

图 14-9 iOS 平台的 Icon

图 14-10　将 Icon 放到 Xcode 中

由于平台不同，在 iOS 系统中必须要为应用设置一个启动图，Flutter 默认为我们生成的启动图是一张空白的图片。这里我们将它替换成自己设计好的一张图片。方法和替换 Icon 类似，在 Assets.xcassets 中的 LaunchImage 中放入对应的图片即可。

运行应用，可以看到应用的 Icon 和启动图都已经变成替换后的图片，如图 14-11 所示。

图 14-11　修改 Icon 和启动图后的 AppIcon

14.3.4 创建应用的归档

相比 Android，iOS 系统没有那么严重的碎片化问题，并且 iOS 的应用商店只有 App Store 一家，因此 Xcode 与 AppStore 的联动做得相对比较深入。我们可以完全不关心签名等问题，只需要在 Xcode 中输入在前面注册的 Apple ID，就可以让 Xcode 替我们自动做好所有的事情。下面来看看如何操作。

首先，在 Xcode 中登录我们的 Apple ID，过程是单击 Preference → Account → AddAccount，在打开的页面中登录账号。

然后，在 Xcode 的设置中，要保证选中 Automatically manage signing，只有这样才能让 Xcode 自动为我们处理签名等一系列事情。同时需要在 Team 项中选择我们自己已经登录的 Apple ID，如图 14-12 所示。

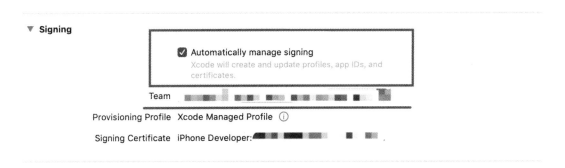

图 14-12 在 Xcode 中选择 Automatically manage signing 以及 Apple ID Team

接着，就需要创建一个 iOS 的归档（Archive）了。

在 iOS 中，归档指的是一系列文件的集合。Xcode 在构建结束后除了会产生 ipa，还会产生一些类似符号表的产物，这些东西都是要上传到 AppStoreConnect 上的。

具体需要进行如下操作。首先，将 Product → Destination 改成 Generic iOS Device，好让 Xcode 能够产出可以运行在所有类型的 iOS 设备上的包，如图 14-13 所示。

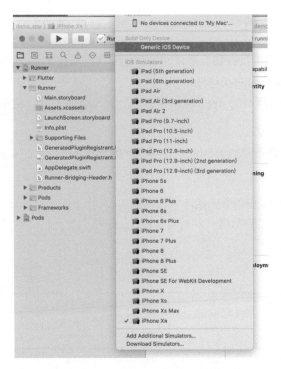

图 14-13　确保产出可以运行在多个目标平台的包

选择 Product → Archive，等待 Xcode 打包完成。打包结束后，Xcode 会在归档列表中显示我们刚刚创建的归档，如图 14-14 所示。

图 14-14　在 Xcode 的归档中查看归档历史

14.3.5 将应用发布到 App Store

在继续下一步的上传之前，需要先在 AppStoreConnect 上创建一个新的应用。关于如何创建应用，苹果公司提供了非常详细的中文指导手册（https://help.apple.com/app-store-connect/?lang=zh-cn），我们可以根据手册在 AppStoreConnect 上创建我们的应用。

在 AppStoreConnect 中创建完成应用后，就可以使用 Xcode 上传我们的应用了。通过 Distribute App 按钮就可以完成应用的上传，如图 14-15 所示。

图 14-15　利用 Xcode 上传应用的步骤

应用上传以后，就可以在 AppStoreConnect 中选择发布我们的应用了。

14.4　小结

在本章中，我们学习了如何利用 Android Studio、Xcode 等 IDE 构建应用的发布版本，同时学习了如何将应用上传到各个应用商店。可以说，对待办事项应用的学习基本告一段落，我们算是比较合格的 Flutter 入门开发者了。在第三部分，会讲解一些比较高阶的内容。

第三部分

Flutter 的扩展功能

第 15 章

深入理解状态管理

大家可能在很多前端框架，比如 React 或者 Vue 相关的文档中看到过"状态管理"这样的术语，那么到底什么是状态管理？Flutter 中的状态管理和其他框架中的状态管理有什么关联？Flutter 中的状态管理应该怎么实现？

为了更好地解答以上这些问题，本章会首先展开介绍状态管理这个我们既熟悉又陌生的名词，然后从逻辑上对状态管理应该完成的事情做一个陈列，接着把逻辑世界中的状态管理和 Flutter 现实中的情况做一个映射，最后基于 Flutter 官方推荐的状态管理方案——Provider 尝试重构待办事项应用中的代码。

15.1 状态管理的理论知识

和在第 12 章讲解动画时一样，在实际了解状态管理的代码之前，先简单了解一下状态管理的理论知识。

15.1.1 什么是状态管理

为了更好地了解状态管理，先看看什么是状态。

在类似 Flutter 这样的响应式编程框架中，我们可以认为 UI 相关的开发就是对数据进行封装，将之转换为具体的 UI 布局或者组件。借用 Flutter 官网的一张图，可以把我们在第二部分做的所有开发都抽象为图 15-1 所示的过程。

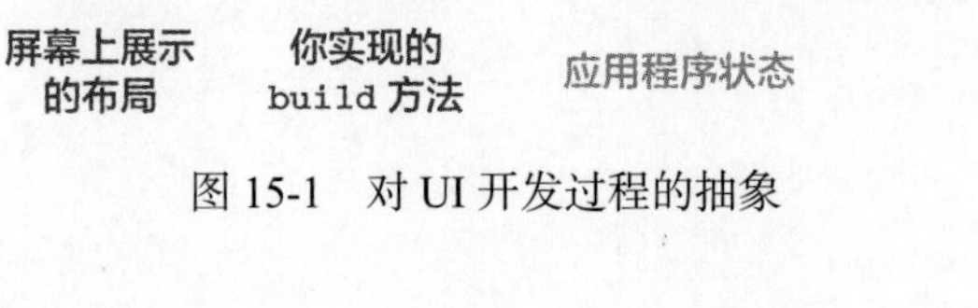

$$UI = f(\ state\ )$$

屏幕上展示　　你实现的　　　应用程序状态
的布局　　　　build 方法

图 15-1　对 UI 开发过程的抽象

Flutter框架通过 `build` 方法，将我们拥有的"数据"，也就是状态转换成了具体的页面内容，Flutter 官方将这些状态划分为了两种不同的类型：短时（ephemeral）状态与应用（app）状态。所谓短时状态，是指包含在单个 Widget 中且不会与其他 Widget 共享的状态；应用状态则相反，是指会在多个 Widget 之间共享的状态。没太明白？没关系，这里我们只要理解"状态即为数据"就可以了。

响应式编程与命令式编程

传统的 GUI 编程框架（例如 iOS 的 UIKit 和 Android 的 SDK）都属于命令式编程风格。所谓命令式编程，是指需要使用类似 `button.text="hello world"` 这样的方式来修改一个按钮上的文本。命令式编程的好处在于代码比较直观且易于理解，问题在于开发者很难将众多命令式的代码和实际的用户界面关联起来。而 Flutter 这种响应式编程框架很好地解决了这个问题，在响应式编程框架中，可以很容易地将代码与实际的用户界面关联起来（例如，Flutter 中的 `build` 方法里的代码很容易就可以和实际的用户界面相关联），只是在响应式编程框架中，我们一般不会直接通过获取 `button` 对象的方式修改按钮上的文本，而是通过修改 `button` 对象对应的"状态"来修改，即框架替我们完成了修改状态后，更新 `button` 对象的工作。

下面看什么是状态管理。

"状态管理指的是在图形用户界面中，对于和用户界面中类似文本框、按钮这样的组件所对应的状态的管理方式。....尤其指代某个页面需要和其他多个页面共享状态的场景——维基百科"

根据维基百科的定义，我们不难得出，状态管理面临的问题其实就是如何在复杂的页面中管理大规模，尤其是跨页面（或者说在 Flutter 中跨 Widget）的数据共享。从逻辑上讲，可以将 Flutter 中跨 Widget 的状态共享分成图 15-2 中的三种情况。

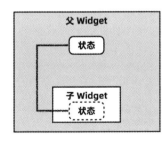
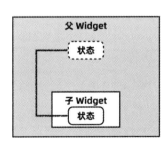
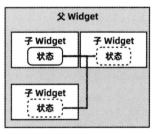

图 15-2　跨 Widget 状态共享的三种情况

在状态管理的范畴中，解决 Widget 之间状态共享问题的通用思路也很简单——提高状态的层级。也就是说，如果 Widget 之间需要共享状态，就把这个状态提升到这两个 Widget 的共同祖先 Widget 中，将这个短时状态转变为应用状态。

总而言之，本节可以得出这样一个结论：Flutter 中状态管理所要解决的最根本的问题，就是如何在任意一个 Widget 中获取某一个应用状态。接下来，我们会逐步分析如何在 Flutter 的框架体系中解决这个问题。

15.1.2 Flutter 中的状态管理

在不引入任何新概念的前提下，要想从子 Widget 获取其父 Widget 中的状态，有以下两种简单的实现方式：

1) 通过构造方法将父 Widget 中的状态传递给子 Widget；

2) 把父 Widget 的状态层级大幅度提高，使该状态成为一个全局的单例对象，在任何地方都可以获取到它。

我们的待办事项应用中，其实两种方式都有使用。在 TodoEntryPage 中，我们就使用了第一种方式，用构造方法将 TodoList 这个数据（或者说状态）传递给各个子页面。整体应用的登录状态则是使用一个全局的单例对象 LoginCenter 来保存。

在业务逻辑比较简单的情况下，使用这两种方式都不会出现太多的问题，可是一旦业务逻辑变得复杂，这两种方式就有可能力不从心了。

针对第一种方式，如果需要跨越多个层级传递数据，那么可以想象得到，对于整个层级的每一个 Widget 中的构造方法，都需要添加对应的构造参数，需要跨越的层级越深，我们的代码就越丑陋。

对于第二种方式，当需要共享的状态仅和个别页面相关联时，全局的单例对象会导致很多额外的开销。例如，我们可能只需要在某个子页面记录某个按钮是否可用，如果用一个单例对象存储按钮是否可用的状态，那么在页面被销毁后，还需要销毁单例对象中存储的对应状态对应，否则单例对象中会存在很多这样的无用状态。

以上两种方式，虽然在具体实现中都出现了问题，但这些问题其实并不是方式方面的问题，而只是代码工程化方面的。

实际上，Flutter 官方推荐的状态管理实现方式基本上就是基于这两种方式的工程化优化和实现。

InheritedWidget 和 InheritedModel 正是对第一种方式的工程化优化，Provider 和 Scoped Model

则是对 InheritedWidget 的 API 封装，让我们能够少写一些重复度比较高的代码。BloC 仅仅是提供了一个组织逻辑代码和 UI 代码的思路，其实际实现——flutter_bloc 则是基于 Provider 包实现的。RxDart 只是修改了 BloC 中一部分逻辑代码的编写方式，并没有在机制上逃出 InheritedWidget 的范畴。Redux 的层次和 BloC 类似，只是给出了一个组织代码的方式和思路，它的一个实际实现——fish_redux 中也是利用 InheritedWidget 实现的。

在 Flutter 官方推荐的所有状态管理实现方式中，只有 MobX 相对比较特别，它没有基于 InheritedWidget 实现，而是使用另一个叫作 Observer 的 Widget 实现的，这里我们不会展开讲解 MobX 相关的知识，会聚焦于比较通用的 InheritedWidget 流派的代码实现。

15.2 状态管理的代码实现

状态管理的基本理论知识已经了解完毕，本节来看看如何用实际的代码将理论知识付诸实践。

15.2.1 了解如何使用 InheritedWidget

我们首先来看看 InheritedWidget 如何不利用构造方法，让子 Widget 获取到父 Widget 中的状态（这里继续以应用中的 `TodoList` 为例）。在之前的代码中，我们是这样将 `TodoList` 传递给子 Widget 的：

```
@override
void didChangeDependencies() {
  ...
  pages = <Widget>[
    TodoListPage(todoList: todoList),
    CalendarPage(todoList: todoList),
    Container(),
    ReporterPage(todoList: todoList),
    AboutPage(todoList: todoList, userKey: userKey),
  ];
}
```

如果使用 InheritedWidget，那么首先需要创建一个 `InheritedWidget` 类的子类，在子类中，我们需要实现一个 `updateShouldNotify` 方法来告知 Flutter 在什么情况下需要更新所有使用到 `TodoList` 的 Widget：

```
// todolist_inherited_widget.dart
class TodoListInheritedWidget extends InheritedWidget {
  final TodoList todoList;
  TodoListInheritedWidget({this.todoList, Key key, Widget child});

  @override
  bool updateShouldNotify(TodoListInheritedWidget oldWidget) {
    return oldWidget.todoList == todoList;
```

```
    }

    static TodoListInheritedWidget of(BuildContext context) {
      return context.dependOnInheritedWidgetOfExactType<TodoListInheritedWidget>();
  }
  }
```

然后，在我们创建子类 Widget 的地方，需要做如下修改：

```
@override
Widget build(BuildContext context) {
  return TodoListInheritedWidget(
    todoList: _todoList,
    child: Scaffold(
      child: IndexedStack(
        index: currentIndex,
        children: _tabConfigs.map((config) => config.page).toList(),
      ),
    ),
  ....
}
```

之后，只需要在需要获取 TodoList 的子 Widget 中使用 TodoListInheritedWidget.of() 方法，就可以获取 TodoList 了：

```
TodoList todoList = TodoListInheritedWidget.of(context).todoList;
```

同样，也可以使用 InheritedWidget 将 AboutPage 中的 userKey 这个参数传递给子 Widget：

```
// lib/component/user_key_inerited_widget.dart
...
import 'package:flutter/material.dart';

class UserKeyInheritedWidget extends InheritedWidget {
  final String userKey;

  UserKeyInheritedWidget({this.userKey, Key key, Widget child})
    : super(key: key, child: child);

  @override
  bool updateShouldNotify(UserKeyInheritedWidget oldWidget) {
    return oldWidget.userKey == userKey;
  }

  static UserKeyInheritedWidget of(BuildContext context) =>
    context.dependOnInheritedWidgetOfExactType<UserKeyInheritedWidget>();
}

// lib/pages/about.dart
...

class AboutPage extends StatelessWidget {
  const AboutPage({Key key}) : super(key: key);
```

```
  @override
  Widget build(BuildContext context) {
    TodoList todoList = TodoListInheritedWidget.of(context).todoList;
    String userKey = UserKeyInheritedWidget.of(context).userKey;
    ...
  }
  ...
}

// lib/pages/todo_entry.dart
class _TodoEntryPageState extends State<TodoEntryPage> with WidgetsBindingObserver {
  ...
  @override
  void didChangeDependencies() {
    ...
    pages = <Widget>[
      CalendarPage(),
      Container(),
      ReporterPage(),
      AboutPage(),
    ];
  }


  ...
  Widget build(BuildContext context) {
    return TodoListInheritedWidget(
      todoList: todoList,

      child: UserKeyInheritedWidget(
        userKey: userKey,
        child: Scaffold(
          ...
        ),
      ),
    );
  }
}
```

InheritedWidget 很简单地就帮我们解决了问题, 但是, 在 InheritedWidget 简洁的 API 底下, Flutter 究竟是基于什么样的原理实现了 InheritedWidget 呢? 在接下来的 15.2.2 节, 我们将会深入 InheritedWidget 的内部实现, 从而对它建立更好的认知。

15.2.2 InheritedWidget 的原理

要了解清楚 InheritedWidget 的原理, 需要回忆一下我们之前在 10.1.3 节提到过的 Flutter 中 Widget 与 Element 之间的关系。

在 Flutter 的世界中, 当我们通过 runApp 方法构建应用的首个页面时, Flutter 框架会根据我们传递给 runApp 方法的 Widget 构建出对应的 Element。例如在我们的待办事项应用中, Flutter

就会为我们构建出类似图 15-3 这样的树形结构（简化了一些不需要的中间节点）。

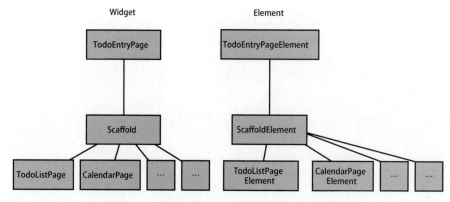

图 15-3　简化后的 Widget 和 Element 树形结构

除了与 Widget 一一对应，所有 Element 还都有一个叫作 _inheritedWidgets 的私有属性，这个属性是一个 Map 对象，其泛型类型是 <Type, InheritedElement>。每一个 Element 在被创建的时候，都会调用一下它自身的 _updateInheritance 方法，该方法的默认实现也非常简单，就是继承父 Element 的 _inheritedWidgets 属性。因此在没有插入 InheritedWidget 之前，所有 Element 的 _inheritedWidgets 都是空 Map，如图 15-4 所示。

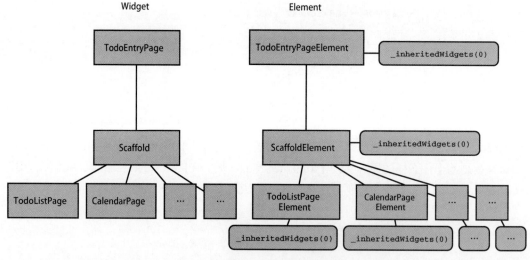

图 15-4　带有空 _inheritedWidgets 属性的 Element

当我们在 Scaffold 顶部插入一个 InheritedWidget 后，它对应的 Element——InheritedElement 在自身的 _updateInheritance 方法被调用时，会将 InheritedWidget 的类型作为键名，将当前 InheritedElement 的实例对象作为键值设置到 _inheritedWidgets 这个 Map 对象中，这样一来，

所有 InheritedElement 的子 Element 中的 _inheritedWidgets 属性就都会拥有这个 InheritedElement 的引用，如图 15-5 所示。

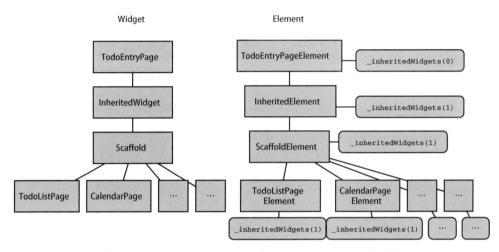

图 15-5　_inheritedWidgets 带有 InheritedElement 的引用

接下来，由于各个 Widget 的 build 方法中使用的 buildContext 对象其实就是当前 Widget 对应的 Element 的父 Element，因此我们可以使用 Element 中的方法 dependOnInherited-WidgetOfExactType<Type>()［我们看到的 of(buildContext) 方法的底层实现就是 dependOnInheritedWidgetOfExactType］来查找父 Element 中 _inheritedWidgets 属性存储的 Map 对象，看 Map 中是否存在与传入的泛型参数 Type 对应的 InheritedElement。由于我们使用的是 Map，因此这个查找过程会非常的快，如图 15-6 所示。

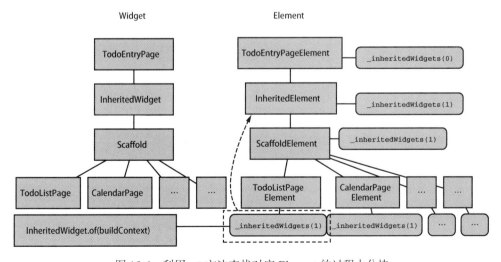

图 15-6　利用 of 方法查找对应 Element 的过程十分快

除此之外，`of` 方法在被调用的时候，还会更新一下 InheritedElement 中的_dependents 属性——一个泛型类型为 `<Element,Object>` 的 Map，让我们查找到的 InheritedElement 持有调用 `of` 方法的 Element 的引用，这样一来，当 InheritedElement 中存储的数据发生变化时（也就是 `updateShouldNotify` 返回 `true` 时），InheritedElement 能够通知所有调用过 `of` 方法的 Element 重新执行一次 `build` 方法来更新 UI，如图 15-7 所示。

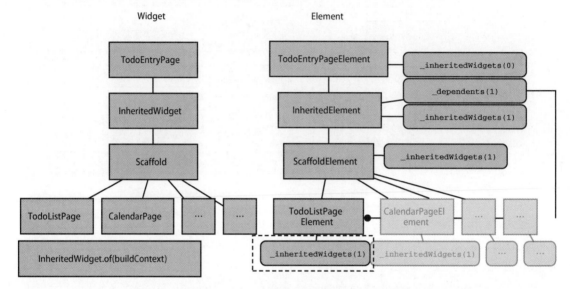

图 15-7　InheritedElement 可以通知所有调用过 `of` 方法的 Element

InheritedWidget 的原理虽然非常简单，但它非常方便地解决了我们之前在使用构造方法时存在的问题。不过，尽管 InheritedWidget 十分好用，它的 API 仍然存在很多不方便之处。例如，在每次需要使用它的时候，都需要子类化一个 InheritedWidget，而子类化的 InheritedWidget 中的代码其实都差不多，都是要实现一个 `updateShouldNotify` 方法和一个静态的 `of` 方法。同时，每次我们使用 `of` 方法获取状态的时候，Flutter 都会将当前 Widget 的 `build` 方法加入 InheritedWidget 的监控列表中，每当 InheritedWidget 发生变化时，都会将整个 `build` 方法重新执行一遍。在类似"列表"页面这样的复杂页面中，这么做会增加很多不必要的开销。

为了解决类似这样的工程化问题，Provider 包基于 InheritedWidget 对一些 API 做了封装和组合，让我们以更少的代码，保持依旧清晰的逻辑。在 15.2.3 节中，我们会学习 Provider 包的使用方式。

15.2.3　使用 Provider 包完成状态管理

前面我们提到，InheritedWidget 在工程上主要有两个缺点：

1) 实现麻烦, 需要自己写一个 InheritedWidget 的子类;

2) 获取状态存在冗余操作。

Provider 包为了解决这两个问题, 内部分别使用 Provider 和 Consumer 这两个 Widget 来将简化过程。下面来看看如何使用 Provider 包, 以及如何编写我们的代码。

首先, 需要在 pubspec.yaml 文件中增加对 Provider 包的依赖:

```
// pubspec.yaml
...
  crypto: ^2.1.4
  sqflite: ^1.3.1
  webview_flutter: ^0.3.22
  provider: ^4.3.2

dev_dependencies:
  flutter_test:
```

引入 Provider 包以后, 如果需要在整个 Widget 结构中插入一个状态, 只需要简单地调用 `Provider.value` 方法就可以:

```
// lib/pages/todo_entry.dart
...

  @override
  Widget build(BuildContext context) {
    return TodoListInheritedWidget(
      todoList: todoList,
    return ChangeNotifierProvider<TodoList>.value(
      value: todoList,
      child: UserKeyInheritedWidget(
        userKey: userKey,
        child: Scaffold(
```

获取状态的方法也十分简单, 调用 Provider 包提供的 `Provider.of(buildContext)` 方法即可, 不需要自己去实现一遍静态的 `of` 方法。在 Flutter 1.12.13 版本后, Provider 还利用 Dart 语言的 Extension 特性为 buildContext 增加了一些新方法, 我们也可以利用这些方法获取状态:

```
TodoList todoList = Provider.of(buildContext);
TodoList todoList = buildContext.watch<TodoList>();
TodoList todoList = buildContext.read<TodoList>();
```

如果直接使用 `Provider.of` 方法或者 `buildContext.watch` 方法, 那我们在本节开头提到的第二个缺点依旧存在。若不想在 Provider 中的 `TodoList` 发生变化时重新执行对应的 `build` 方法, 则使用 `buildContext.read` 方法即可:

```
// lib/pages/reporter.dart
...
```

```
class ReporterPage extends StatefulWidget {
  const ReporterPage({Key key}) : super(key: key);
  ...
  int currentMonth = 1;

  @override
  void initState() {
    super.initState();
    _todoList = context.read<TodoList>();
    _initTodosOfThisMonth();
    _todoList.addListener(_updateData);
  }
  ...
}
```

直接使用 `of`、`watch`、`read` 方法还是会有一些麻烦，除了这些方法，Provider 还提供了 Consumer 这个 Widget，让我们能够直接在 Widget 的层级中插入获取上层状态的代码。在我们目前的场景中，Consumer 的使用方式如下：

```
// lib/pages/about.dart

child: Consumer<String>(
  builder: (_, String userKey, __) {
    return FlatButton(
      ...
    );
  },
),
```

不难看出，Consumer 使用起来非常简单，同时它也保证了当 `TodoList` 发生变化的时候，只有 builder 中的 RefreshIndicator 这个 Widget 会被重新构建，底部的 AnimatedList 则不会，减少了冗余的 `build` 方法的调用。

15.3　小结

本章我们首先解释和澄清了状态管理的通用概念。然后将状态管理的概念映射到了 Flutter 中，深入了解了 InheritedWidget 的用法和原理。最后基于 Provider 这个 InheritedWidget 的上层封装，重新优化了我们的代码。当然，Flutter 中关于状态管理的内容还有很多，比如 Provider 的其他 API、ScopoeModel 包、MobX 包等，这些都是我们可以尝试去了解的，重点是要掌握状态管理的本质，各种状态管理方式在本质上只是大同小异而已。

第16章

你不能错过的优秀工具

俗话说，工欲善其事，必先利其器。Flutter 不仅为我们提供了强大的 UI 开发能力，还提供了各种方便的工具，让我们能够高质量高效率地使用 Flutter 代码。本章我们会学习一些 Flutter 中比较常用的工具，这些工具能使开发过程更为顺畅。

16.1　代码静态分析

所谓代码静态分析，就是利用工具对代码做语义化分析，在代码运行出实际结果之前就找出其中存在的问题。得益于 Flutter 针对 Android Studio 和 VS Code 开发的强大插件，我们只要使用 Android Studio 或者 VS Code 进行开发，不需要做任何配置就可以看到 Dart Analyzer 工具提供的静态分析结果。

16.1.1　了解 IDE 中的 Dart Analysis

打开 Android Studio，在菜单栏找到 View → Tool Windows → Dart Analysis。稍作等待，就可以看到 Dart Analysis 中列出了分析而得的所有问题，如图 16-1 所示。

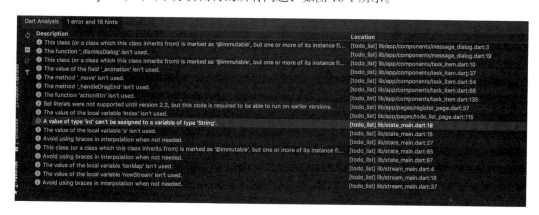

图 16-1　Dart Analysis

　　点击问题列表中的某一个，可以跳转到对应源码所在的位置。除此之外，对于大部分问题，Dart Analysis 会提供一个正确的写法建议，我们可以单击代码旁边的灯泡按钮来获取这个建议方案，如图 16-2 所示。

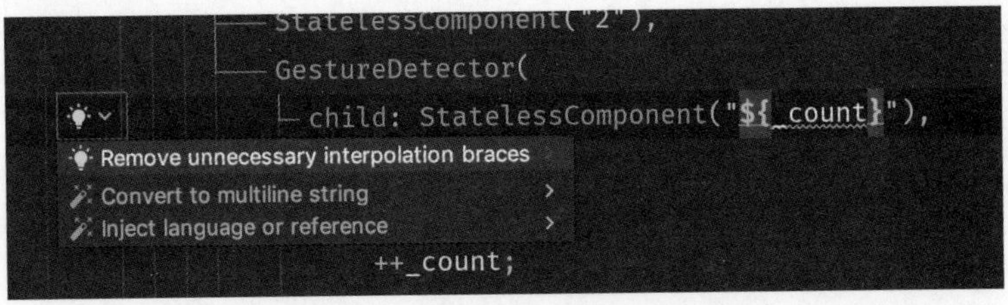

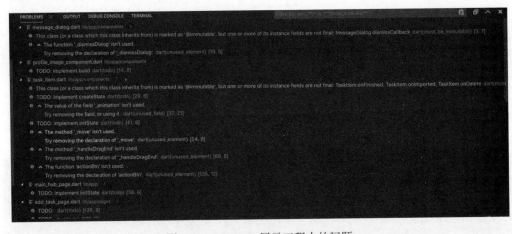

图 16-2　Dart Analysis 提供的建议

　　在图 16-2 中，我们在代码中冗余地使用 `${}` 来实现往字符串中插入变量的功能，Dart Analysis 就提示我们，可以将代码中的 `{}` 去掉。

> **提示**
>
> 　　在 VS Code 中，可以通过单击 View → Problems 查看工程中的所有问题，如图 16-3 所示。
>
> 图 16-3　VS Code 展示工程中的问题

16.1.2　了解 Dart Analysis 的配置规则

　　通常而言，IDE 默认为我们提供的分析规则已经基本够用了，不过如果我们对代码有更高的要求，或者发现有些无法控制的代码（比如自动生成的代码，我们 17.2 节中会讲如何自动生成代码）被错误检查了，就需要了解如何让 Dart Analysis 更细致地检查我们的工程。

无论是 Android Studio 还是 VS Code，完成代码静态分析都要依靠 Dart Analyzer 工具，我们可以通过一个叫作 analysis_options.yaml 的配置文件修改这个工具的一些默认行为。如果我们的工程中没有这个配置文件，那么 Dart Analyzer 工具会使用默认的 analysis_options.yaml 文件中的内容执行代码静态分析。

提示

> 除了可以在 IDE 中查看所有的分析结果，也可以通过 `flutter analyze` 命令来查看针对当前工程的所有分析结果。

下面我们展示默认的 analysis_options.yaml 配置文件中的一部分内容，并对这部分内容加以解释：

```
analyzer:
strong-mode:
  // 可以打开 https://dart.dev/guides/language/analysis-options
  // 查看配置文件中的所有配置细则，如果想要获得更加严格的代码静态分析结果，可以考虑使用
  // implicit-casts 和 implicit-dynamic 标志
  implicit-casts: false
  implicit-dynamic: false
```

其中 `implicit-casts` 表示是否允许隐式地将一个对象的类型转化为更具体的类型。比如：

```
Object object = ...
String s = object;
```

里面的 `String s = object` 就是将类型为 `Object` 的对象隐式地转化为更具体的 `String` 类型。如果指定 `implicit-casts: false`，就会禁止这个隐式推断，代码会报错。

`implicit-dynamic: false` 表示当类型推断引擎无法确定类型时，不选择 dynamic 类型。

基于这些规则的约束，可以定制一个比较简单的进阶版配置文件。我们可以使用 Google 官方的代码检查规则，Google 官方利用他们在项目中使用的规则制作了一个 Dart 版的 pub 供我们使用：pedantic。在项目中使用 pedantic 的方式非常简单，先在 pubspec.yaml 文件中添加下述内容：

```
dev_dependencies:
  pedantic: any
```

然后在 analysis_options.yaml 配置文件中添加：

```
include: package:pedantic/analysis_options.yaml
```

之后就可以在我们的工程中，使用 pedantic 的配置规则了。

> **提示**
>
> 　　你可以前往 https://github.com/dart-lang/pedantic/tree/master/lib 查看 pedantic 的所有配置规则。pedantic 的英文意思是学究，确实很符合代码检查规则这个场景。

16.2　代码格式化

　　俗话说，一千个人心中就有一千个哈姆雷特。看人如此，写代码亦是如此，每个人对"好看的代码"可能有不同的定义。但是在团队协作中，保持代码风格的统一非常重要。好在 Dart 为我们提供了一个能够自动格式化代码的工具：dartfmt。这虽然是一个命令行工具，不过在 Android Studio 和 VS Code 中，我们都可以通过简单的操作直接使用它。

　　在 Android Studio 中，在代码文件里单击右键，找到菜单中的 Reformat Code with dartfmt 选项就可以自动格式化代码，如图 16-4 所示。

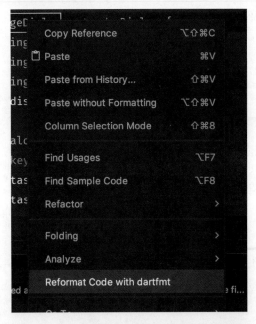

图 16-4　在 Android Studio 中自动格式化代码

　　如果觉得每次格式化时都需要单击右键比较麻烦，也可以在 Android Studio 中的设置页面里给这个操作设置一个快捷键，如图 16-5 所示。

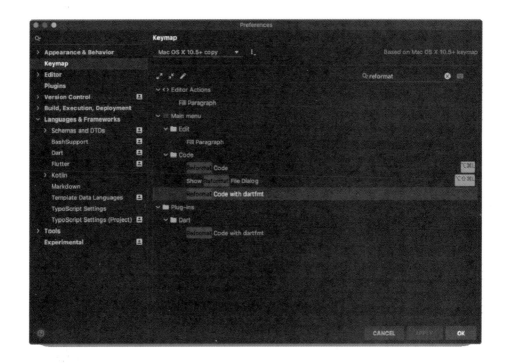

图 16-5 设置快捷键

在 VS Code 中，也可以通过类似的操作，格式化当前的代码文件，如图 16-6 所示。

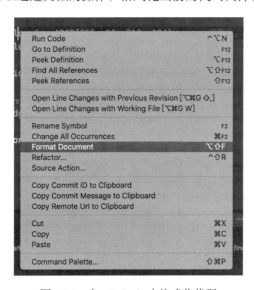

图 16-6 在 VS Code 中格式化代码

如果希望每次保存文件的时候，VS Code 都能自动格式化代码，可以在 VS Code 的设置页面中，将保存文件时自动格式化的选项打开，如图 16-7 所示。

图 16-7   打开自动格式化的选项

为什么 dartfmt 不能设置自定义的格式？

根据 Google 官方的文档，Google 认为 dartfmt 这个工具的作用是让大家能够写出基本相同的代码，而不是让大家能够各自自定义风格。因此，dartfmt 只能基本遵循 Google 官方的 Dart 的风格指南：https://dart.dev/guides/language/effective-dart/style。

16.3   Dart DevTools

Dart DevTools 是 Flutter 官方推出的一系列用于性能测试的工具集合。利用它，可以查看我们创建出来的应用的 UI 结构，分析应用存在的性能问题，或者获取应用运行过程中的一些日志。在 Dart DevTools 之前，有一个叫作 Observatory 的 Web 工具，不过它上面的工具已经逐步转移到了 Dart DevTools 上。本节就来看看利用 Dart DevTools 可以做哪些事情。

16.3.1   在 IDE 中打开 Dart DevTools

对于 Android Studio，我们可以在应用启动后，在 debuggr 面板中启动 Dart DevTools：Flutter Inspector → More Actions → Open DevTools，如图 16-8 所示

图 16-8　在 Android Studio 中启动 Dart DevTools

对于 VS Code，可以单击 View → Command Palatte...，在打开页面的输入框中输入 Dart：Open DevTools 来打开 Dart DevTools（注意，要先在 VS Code 中调试应用才能看到），如图 16-9 所示。

图 16-9　在 VS Code 中启动 Dart DevTools

首次执行，可能安装 Dart DevTools 需要花一些时间。等待片刻后，命令就会为我们在浏览器中打开一个新的页面，如图 16-10 所示。

图 16-10　在浏览器中打开的 DevTools 页面

可以看到，页面中的内容共包括如下几个部分。

- ❑ Flutter Inspector：用来查看 UI 的层级结构。
- ❑ Timeline：从这里可以看到使用 dart:developer 包中的 Timeline 记录的打点信息。这里的打点信息默认只有 Flutter 框架中自己记录的点。
- ❑ Memory：用来查看应用运行过程中的内存占用情况。
- ❑ Performance：用来排查 Flutter 应用运行过程中的性能问题。
- ❑ Debugger：用来单步调试代码，由于 IDE 已经可以很好地支持这部分功能了，因此我们很少使用这个工具，在这里也不重点讲述。
- ❑ Logging：用来查看一些输出的日志信息。

16.3.2 使用 Timeline 查看应用的性能损耗

Timeline 这个页面可以用来查看应用在渲染每一帧时的时间损耗。打开应用，随便做点操作，就可以看到 Timeline 页面记录了一些信息，如图 16-11 所示。

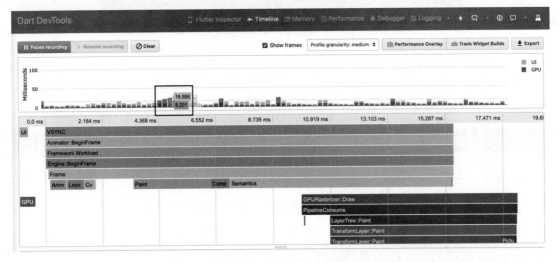

图 16-11 Timeline 工具

当页面帧率达到 60fps 时会带来平滑的视觉体验，如果页面帧率低于 30fps，用户就会感受到明显的卡顿。这就要求在我们的应用中，每一帧都要在 16ms 内完成。在图 16-11 所示的折线图中，可以看到有几帧的时间超过了 16ms，因此被 Timeline 标红处理了。我们可以单击标红处，看看这一帧中到底是哪些步骤占用的时间比较长。该帧中有 UI 的计算操作就花费了 15ms，GPU 渲染则花费了 8ms，整体是大于 16ms 的。

16.3.3 使用 Memory 查看应用的内存占用情况

图 16-12 展示了 Memory 视图，对于该视图，单击一次 Reset，就会把发生单击的这个时间点的内存情况当作起点；单击一次 Snapshot，就会把当前时间点的具体内存占用情况记录下来，并用表格展示出来，展示的内容是和上一次单击 Reset 相比，内存的变化情况。

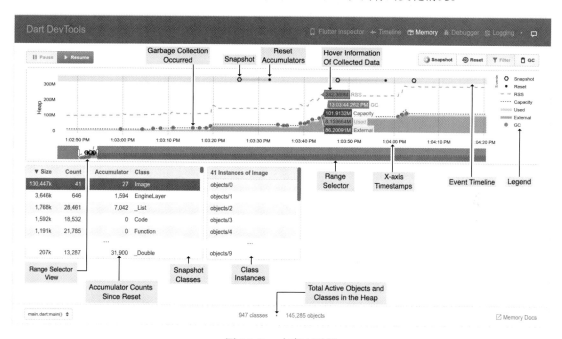

图 16-12　内存查看器

16.4　小结

本章中，我们学习了一些 Flutter 提供的实用工具的使用方法，相信利用这些工具，能够让我们的 Flutter 开发之路更为顺畅。

第 17 章

在 Flutter 中如何更好地与后台交互

在我们前面的开发过程中，遇到涉及和后台交互的场景时，我们所做的事情只是简单地对后台传来的 JSON 数据进行解析，然后使用 dart:convert 包将 JSON 数据转换成 Map 数据使用。这种做法在简单的工程中是没有问题的，但随着和后台的交互逐渐变多，我们的工程中会出现越来越多的网络请求，这就需要解析更多 JSON 数据。此时如果还是使用简单的 Map 来操作后台传来的数据，那么对代码的维护一定会相当难。本章，我们会着重讲解在 Flutter 中，如何以一种比较优雅高效的方式和后台交互。

17.1 数据处理概览

在和后台交互的过程中，我们所要解决的大部分问题，其核心只有一个：如何更好地处理后台传过来的 JSON 字符串。一般来说，根据项目复杂程度的不同，有三种处理方式：

(1) 将 JSON 数据解析为 Map 数据使用；

(2) 针对 JSON 数据创建专门的模型类，手写解码逻辑；

(3) 利用工具自动生成模型类。

17.1.1 将 JSON 数据解析为 Map 数据

当应用仅有一些特别简单的后台数据时，适合使用这种方式。例如我们的 应用 只有登录和注册两个请求，那么使用这种方式就已经绰绰有余了。就拿 13.2 节的例子来说，登录接口返回的数据十分简单，用以下代码就可以直接搞定登录接口：

```
Map<String, dynamic> body = JsonDecoder().convert(response.body);
String result = body['error'].isEmpty ? '登录成功' : '登录失败，服务器信息为:
${body['error']}';
```

17.1.2 手动创建模型类处理 JSON 数据

除了使用 Map，还可以为我们要解析的 JSON 数据创建对应的数据模型类，当应用存在一些比较复杂的数据接口时，适合使用这种方式。例如在处理从后台传来的 `TodoList` 数据时，由于 `TodoList` 的数据结构相对复杂，甚至还有嵌套数据的情况，因此需要使用这种方式让我们的代码更为易读，可以这样做：

```
TodoList result = TodoList.fromJson(JsonDecoder().convert(response.body));
List<TodoEntry> todos = result.list;
String firstTodoName = todos.first.name;
```

手动编写所有的模型逻辑虽然简单直接，但随着后台接口数量的不断增多，我们会发现已经编写好的模型代码在大部分时候并没有太多区别，一个典型的模型类 `User` 如下：

```
class User {
  final String name;
  final String email;

  User(this.name, this.email);

  User.fromJson(Map<String, dynamic> json):
    name = json['name'],
    email = json['email'];

  Map<String, dynamic> toJson() =>
    {
      'name': name,
      'email': email,
    };
}
```

可以看出，手动编写模型类的工作其实都集中在类似 `name = json['name']` 这样的代码上。为了减少重复的工作量，我们可以使用工具简化这个过程。

17.2 使用工具生成代码

针对自动生成模型代码这件事，Flutter 社区已经为我们提供了很好很成熟的工具：json_serializable 和 build_values。前者生成的代码相对简单，适合在比较小型的项目中使用。后者生成的代码相对会复杂一些，适合在一些中大型的项目中使用。本节我们着重介绍前者。

17.2.1 使用 json_serializable 生成代码

首先，在 pubspec.yaml 文件中引入 json_annotation 这个 pub 的依赖，同时也把 json_serializable 和它使用的 build_runner 的依赖添加到我们项目的开发时依赖中：

```
dependencies:
  ...
  json_annotation: ^2.0.0
dev_dependencies:
  ...
  build_runner: ^1.0.0
  json_serializable: ^2.0.0
```

添加完依赖后，先看看我们之前创建的模型类 Todo，需要做些改动，才能在这个模型文件中使用 json_serializable 的自动解析功能。

首先需要利用注解声明 Todo 这个类是需要进行模型转换的：

```
@JsonSerializable()
class Todo {
  ....
}
```

对于名称相同的属性，即 Todo 类中属性名称与 JSON 中的字段名称相同的属性，不用做任何处理，对于不同的，需要做出指示：

```
@JsonKey(name: 'location_longitude')
String _location_longitude;

@JsonKey(name: 'location_latitude')
String _location_latitude;

@JsonKey(name: 'location_description')
String _location_description;
```

json_serializable 默认仅支持一些基本的数据类型，像 String、int、bool 这些，但我们的 Todo 类中包含比如 Priority 这样的自定义类型，对于这样的数据类型，我们可以指定类型转换函数：

```
/// 优先级
@JsonKey(fromJson: _priortyFromJSON, toJson: _priorityToJSON)
Priority priority;

static Priority _priortyFromJSON(int priority) {
  return Priority.values.firstWhere((p) => p.value == priority);
}

static String _priorityToJSON(Priority priority) {
  return '${priority.value}';
}
```

注意

转换函数必须是静态函数或者是全局函数。

在工程的根路径下利用命令行工具，执行 json_serializable 的自动生成命令：

```
flutter packages pub run build_runner build
```

这样就能得到由 json_serializable 自动生成的 JSON 数据转模型类的文件。

接下来需要在文件头添加一行内容：

```
part 'todo.g.dart';
```

替换 fromJson：

```
static Todo fromMap(Map<String, dynamic> json) => _$TodoFromJson(json);
```

这样利用 json_serializable 自动生成模型代码的准备工作就完成了。

之后每一次修改 todo.dart 文件中的和自动生成代码相关的内容时，都需要重新执行一次 `flutter packages pub run build_runner build` 命令来保证 todo.g.dart 文件和 todo.dart 文件中的内容相匹配。

> **提示**
>
> 　　我们也可以执行 `flutter pub run build_runner watch` 命令在本地启动一个服务，这样在每次修改 user.dart 文件后，就不需要手动去执行 `flutter pub run build_runner build` 命令了。

17.2.2　了解 json_serializable 的更多功能

在 17.2.1 节的例子中，我们使用 json_serializable 工具生成了模型类，其实就是利用 `@JsonSerializable()` 这个注解告知 json_serializable 当前这个文件需要生成对应的 `toJson` 和 `fromJson` 方法。如果想更进一步地控制 json_serializable 生成的代码，例如不希望上面的例子中生成的 `fromJson` 方法对 `Map` 中对象的类型做任何检查，而希望 json_serializable 生成的 `fromJson` 方法中包含更多的检查项，就可以给 `@JsonSerializable()` 注解传入更多选项：`@JsonSerializable(checked:true)`。

如此一来，json_serializable 为我们的生成的代码就变成了下面这样：

```
Todo _$TodoFromJson(Map<String, dynamic> json) {
  return $checkedNew('Todo', json, () {
    final val = Todo(
      id: $checkedConvert(json, 'id', (v) => v as String),
      title: $checkedConvert(json, 'title', (v) => v as String),
      description: $checkedConvert(json, 'description', (v) => v as String),
```

```
      date: $checkedConvert(json, 'date',
        (v) => v == null ? null : Todo._dateFromJSON(v as String)),
      priority: $checkedConvert(json, 'priority',
        (v) => v == null ? null : Todo._priortyFromJSON(v as int)),
      isFinished: $checkedConvert(
        json, 'isFinished', (v) => Todo._boolFromJSON(v as int)),
      isStar: $checkedConvert(
        json, 'isStar', (v) => Todo._boolFromJSON(v as int)));
    return val;
  });
}
```

其中，`$checkedConvert` 方法是 json_serializable pub 提供的方法，一旦传入的 JSON 数据的中 `name` 这个键名对应的键值不是 `String` 类型的数据，它就会抛出一个 `CheckedFromJsonException` 类型的异常。

对于 `@JsonSerializable()` 注解，还可以传入很多其他的参数，我们将这些参数列在了表 17-1 中。

表 17-1 可以往 **`@JsonSerializable()`** 注解中传入的其他参数

参数 key	value 的类型	默认值	作　　用
anyMap	bool	false	
checked	bool	false	在 _$xxxFromJson 方法中，是否检查 Map 中键值的类型和对应字段一致
createFactory	bool	true	在生成的代码会有一个名为 _$xxxFromJson 的方法
createToJson	bool	true	在生成的代码会有一个名为 _$xxxToJson 的方法
disallowUnrec-ognizedKeys	bool	false	如果该值设置为 true，那么在 _$xxxToJson 方法中会检查传入的 Map 中是否存在当前 JSON 数据中属性以外的键名，如果存在就会抛出一个 UnrecognizedKeysException 类型的异常
explicitToJson	bool	false	如果该值设置为 true，那么在生成的 toJson 方法中，会调用每一个复杂对象的 toJson 方法
fieldRename	FieldName	null	当类中的属性名称和 Map 中的键名不一致时，可以使用这个参数，对 Map 中的某个键名和属性名称重新进行映射
includeIfNull	bool	true	如果该值设置为 false，那么只有键值不为 null 的属性才会在 toJson 方法返回的 Map 中存在
nullable	bool	true	生成的代码中是否包含对调用属性的方法做判空处理的逻辑

同样，对于 `@JsonKey()` 注解，也有其他可以传入的参数，我们把这些参数呈现在表 17-2 中。

表 17-2 可以往 @JsonKey() 注解中传入的其他参数

参数 key	value 的类型	默认值	作　用
includeIfNull	bool	false	同 @JsonSerializable() 的 includeIfNull 参数
nullable	bool	false	同 @JsonSerializable() 中的 nullable 参数
defaultValue	Object		JSON 数据中如果没有对应的键值，就使用这个默认值
disallowNullValue	bool	true	如果该值设置为 true，那么当 JSON 数据中属性对应的键名存在，但键值为 null 的时候，模型的 fromJson 方法就会抛出 DisallowedNullValueException 异常。
			注意：disallowNullValue 和 includeIfNull 不能同时设置为 true，否则会导致代码生成失败。若 disallowNullValue 设置为 true，includeIfNull 没有设置值，则 includeIfNull 会被人为设置为 false
fromJson	Function	null	用于设定某些属性自定义的 fromJson 转换方法
ignore	bool	false	如果该值设置为 true，那么在代码生成过程中会完全忽略这个属性，不在 toJson 方法和 fromJson 方法中生成对应的代码
name	String	null	当类中的属性名称和 Map 中的键名不一致时，可以使用这个设置，对 Map 中的某个键名和属性名称进行重新映射
required	bool	true	如果该值设置为 true，那么在 fromJson 方法中，代码会确保 JSON 中一定存在该属性对应的键名。如果不存在，那么代码会抛出 MissingRequiredKeysException 类型的异常。
			注意：该项只检查键名是否存在，不关心键名对应的键值是否为 null。
toJson	Function	null	用于设定某些属性自定义的 toJson 转换方法

　　除了使用注解针对单个类或者单个属性进行代码生成的控制，我们还可以在工程中添加一个新的 build.yaml 文件，来对工程中所有使用到 @JsonSerializable() 注解的文件进行配置：

```
targets:
  $default:
    builders:
      json_serializable:
        options:
          # 这里列出的都是默认值
          any_map: false
          checked: false
          create_factory: true
          create_to_json: true
          disallow_unrecognized_keys: false
          explicit_to_json: false
          field_rename: none
          include_if_null: true
          nullable: true
```

通过创建 build.yaml 文件，我们可以一次性地配置所有文件的代码生成规则。代码生成工具会优先使用 @JsonKey() 中的配置，然后使用 @JsonSerilaizable() 中的配置，最后才会使用 build.yaml 文件中的配置。

17.3 小结

在本章中，我们主要了解了在 Flutter 中如何用不同的方式处理从服务器接收到的 JSON 数据，着重介绍了使用 json_serializable 自动生成模型代码的步骤。通过这种方式，我们的业务开发能够减少很多烦琐的工作，从而把精力放在更为重要的业务逻辑上。

第18章

编写测试代码

在应用的开发过程中，良好的测试能够让我们的工程在高速迭代的同时保持良好的代码质量。

本章中，我们将介绍不同的测试方式，并且结合待办事项应用的部分功能进行讲解。

18.1 准备工作

编写测试代码的准备工作主要包括添加测试框架的依赖以及按照约定的形式创建测试文件，这部分内容相对来说比较简单。

18.1.1 添加依赖

Flutter 默认创建的工程中的 pubspec.yaml 文件里已经包含测试所需的依赖：

```
dev_dependencies:
  flutter_test:
    sdk: flutter
```

如果你的开发环境没有依赖 Flutter，则可以添加以下依赖：

```
dev_dependencies:
  test: <latest_version>
```

> **注意**
>
> 在新版本（1.5以上）的 Flutter 中编写测试代码时，引入的类与 Dart 测试库里的类已经不一样，本书主要以编写 Flutter 中的测试代码为主。

18.1.2 创建测试文件

Flutter 工程中的测试文件存放在根目录下的 test 文件夹中，因此我们在 test 目录下创建测试文件即可，命名为 test.dart，然后整个工程的目录结构如下：

```
flutter/
  lib/
    main.dart
  test/
    xxx_test.dart
```

接下来，就可以编写各种测试代码了。Flutter 中的测试分为三种：单元测试、Widget 测试和集成测试，后续我们会为大家一一介绍。

18.2 单元测试

单元测试（unit testing）是指对软件中的最小可测试单元进行检查和验证。单元测试本质上也是运行代码，与普通代码的区别在于它是用于验证普通代码正确性的。可以简单下个定义：单元测试是开发人员编写的、用于检测目标代码在特定条件下的正确性的代码。

那么如何编写单元测试呢？我们的登录模块 `NetworkClient` 里的 `login` 方法是用来实现登录功能的，可以针对这个功能编写单元测试，来保证登录的正确性。

18.2.1 编写测试代码

按照上面创建测试文件的方式，创建 login_test.dart 文件，以测试登录功能。

所有的单元测试都是在 package:test 中的 `test` 方法里执行的。在 `test` 方法中，需要调用 `expect` 方法以作为断言（相当于常见的 assert），只有当 `expect` 的两个参数值相等时，当前测试才算是通过。例如验证登录功能的具体代码如下：

```
// test/login_test.dart
import 'package:flutter_test/flutter_test.dart';
import 'package:http/http.dart' as http;
import 'package:mockito/mockito.dart';
import 'package:http/http.dart';

import 'package:todo_list/model/network_client.dart';

void main() {
  test('LoginOperation', () async {
    expect(await NetworkClient.instance().login('username', 'password'), '');
  });
}}
```

18.2.2　使用 Mockito 模拟测试环境

有些登录操作是依赖网络的，这样会造成一些不便，原因如下：

① 访问线上服务或数据库会拖慢测试的执行进程；

② 原本可以通过的测试可能会失败，因为 Web 服务或数据库可能会返回不符合预期的结果；

③ 使用线上 Web 服务或数据库做测试很难覆盖所有可能成功或失败的场景。

因此，最好不要依赖线上 Web 服务或数据库。我们可以把这些依赖"模拟"（mock）出来，并且根据条件返回特定的结果。

测试之前，需要添加 Mockito 的依赖，如下所示：

```
dev_dependencies:
  mockito: ^4.1.0
  flutter_test:
    sdk: flutter
```

为了 NetworkClient 中调用网络的相关逻辑可以被模拟，我们需要对其进行一些修改，让其不是直接发送网络请求，而是通过 http 包中的 Client 接口发送网络请求：

```
// lib/model/network_client.dart
class NetworkClient {
  NetworkClient._();

  static NetworkClient _client = NetworkClient._();

  factory NetworkClient.instance() => _client;

  Client client = Client();

  Future<String> login(String email, String password) async {
    Map result;
    try {
      Response response = await client.post(
        ...
      );
      result = JsonDecoder().convert(response.body);
    } catch (e) {
      result['error'] = '登录失败\n错误信息为 $e';
    }
    return result['error'];
  }
  ...
}
```

接下来，我们就可以在 login_test.dart 中，通过 mockito 的注解表明我们需要生成针对 Client 类的模拟对象：

```
// test/login_test.dart
...
import 'login_test.mocks.dart';
...

@GenerateMocks([http.Client])
void main() {
  test('LoginOperation', () async {
    expect(await NetworkClient.instance().login('username', 'password'), '');
  });
}}
```

和之前使用 json_serializable 一样，我们需要执行如下命令来生成代码：

```
flutter pub run build_runner build
```

Flutter 会自动为我们生成 login_test.mocks.dart 文件：

```
// login_test.mocks.dart
import 'package:mockito/mockito.dart' as _i1;
import 'package:http/src/client.dart' as _i2;

/// A class which mocks [Client].
///
/// See the documentation for Mockito's code generation for more information.
class MockClient extends _i1.Mock implements _i2.Client {
  MockClient() {
    _i1.throwOnMissingStub(this);
  }
}
```

这样，我们就可以利用 MockClient 模拟网络请求了。我们在之前的测试代码中，通过 when.thenAnswer 方法，模拟不同的返回数据：

```
// test/login_test.dart
...
@GenerateMocks([http.Client])
void main() {
  test('LoginOperation', () async {
    MockClient client = MockClient();

    when(client.post(
      any,
      body: anyNamed('body'),
      headers: anyNamed('headers'),
    )).thenAnswer(
      (_) async => http.Response(
        '{"error":"","data":{"userId":"1"}}',
        200,
      ),
    );

    NetworkClient.instance().client = client;
```

```
    expect(await NetworkClient.instance().login('username', 'password'), '');
  });
}
```

上面是对返回成功做的测试，我们也可以对其他返回情况做相应的测试，当很多测试之间互相有关联时，可以使用 group 方法对相应的测试进行分组，结果如下：

```
...

void main() {
  group("NetworkClient", () {
    test("LoginOperation", () async {
      ...
    });

    test("RegisterOperation", () async {
      ...
    });
  });
}
```

分组后，测试用例的结构如图 18-1 所示。我们可以很清晰地看出各组测试结果，同时可以单独验证某一组测试结果。

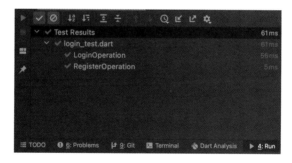

图 18-1　选择测试

18.2.3　运行单元测试

在 Android Studio 中运行测试文件的步骤是：

❑ 打开测试文件；
❑ 打开 Run 按钮左边的下拉菜单；
❑ 选择 Run 'tests in demo.dart'；
❑ 单击 Run 按钮，测试文件即可运行。

你还可以直接在项目根目录下通过 flutter test 命令运行。

18.3 Widget 测试

Widget 作为 Flutter 中最为常见的类，拥有自己的生命期和作用。Widget 测试是独立封装在 flutter_test 中的，用于对应用中的各种 Widget 进行一系列测试。这里，我们同样是对登录模块的 Widget 进行测试，对应创建的测试文件是 login_widget_test.dart。这次对登录模块的测试方式是输入用户名和密码，然后单击登录按钮，最后验证登录结果。

18.3.1 编写测试代码

下面是编写测试代码的具体步骤。

1. 测试入口

测试代码的入口方法是 testWidgets，执行该方法需要引入 flutter_test/flutter_test.dart 文件，以及传入当前测试的描述和一个入参为 WidgetTester 的方法（闭包）：

```
import 'package:flutter_test/flutter_test.dart';

void main() {
  testWidgets('login widget test', (WidgetTester tester) async {
  });
}
```

2. 创建 Widget

WidgetTester 为我们提供了在测试环境中创建 Widget 的能力，通过其中的 dumpWidget 方法可以创建和渲染我们工程中的 Widget。

需要注意的是，相对 StatefulWidget，dumpWidget 是不会重建 Widget 的，需要我们通过以下方法重建。

- ❏ tester.pump(Duration duration)：在参数 duration 指定的时间后，触发重建。
- ❏ tester.pumpAndSettle(Duration duration)：在参数 duration 指定的时间后（默认 0.1 秒），持续性地调用 pump 方法进行重建，直到没有任何一帧在刷新。这个方法常用于与动画相结合的测试。

下面的测试代码就代表我们先创建了一个登录 Widget，然后在 1 秒后触发了 Widget 重建：

```
import 'package:flutter_test/flutter_test.dart';
import 'package:todo_list/pages/login.dart';

void main() {
  testWidgets('login widget test', (WidgetTester tester) async {
    await tester.pumpWidget(MaterialApp(home: LoginPage()));
  });
}
```

3. 使用 Finder 进行查找

Finder 可以在 Widget 树中查找对应的元素，帮助我们验证 Widget 是否显示正常。下面我们使用 Finder 找到登录页面中的用户名、密码输入框和登录按钮：

```
import 'package:flutter/widgets.dart';
import 'package:flutter_test/flutter_test.dart';
import 'package:todo_list/app/pages/login_page.dart';

void main() {
  testWidgets('login widget test', (WidgetTester tester) async {
    await tester.pumpWidget(LoginPage());
    Finder userInput = find.byType(TextField).first;
    Finder passwordInput = find.byType(TextField).last;
    Finder loginButton = find.byType(FlatButton);
  });
}
```

4. 模拟操作

WidgetTester 为我们提供了模拟各种操作的 API。下面我们会输入用户名和密码，然后模拟单击登录按钮的操作：

```
import 'package:flutter/material.dart';
import 'package:flutter/widgets.dart';
import 'package:flutter_test/flutter_test.dart';
import 'package:todo_list/app/pages/login_page.dart';


void main() {
  testWidgets('login widget test', (WidgetTester tester) async {
    await tester.pumpWidget(MaterialApp(home: LoginPage()));
    Finder userInput = find.byType(TextField).first;
    Finder passwordInput = find.byType(TextField).last;
    Finder loginButton = find.byType(FlatButton);

    await tester.enterText(userInput, 'test');
    await tester.enterText(passwordInput, '123');
    await tester.tap(loginButton);
  });
}
```

5. 使用 Matcher 进行验证

expect 方法默认针对传入的两个参数进行匹配来确定测试的成功与否，不过在 Widget 测试中，我们需要有更灵活的匹配方式，Matcher 就为我们提供了各种各样的匹配方式。例如，通过 findsOneWidget，我们希望当前 Widget 测试中，待测试 Widget 中包含至少一个 Widget。下面使用 Matcher 验证 Widget 树中的元素是否显示正常：

```
import 'package:flutter/material.dart';
import 'package:flutter/widgets.dart';
import 'package:flutter_test/flutter_test.dart';
import 'package:todo_list/app/pages/login_page.dart';


void main() {
  testWidgets('login widget test', (WidgetTester tester) async {
    await tester.pumpWidget(MaterialApp(home: LoginPage()));
    Finder userInput = find.byType(TextField).first;
    Finder passwordInput = find.byType(TextField).last;
    Finder loginButton = find.byType(FlatButton);

    await tester.enterText(userInput, 'test');
    await tester.enterText(passwordInput, '123');
    await tester.tap(loginButton);

    expect(userInput, findsOneWidget);
    expect(passwordInput, findsOneWidget);
    expect(loginButton, findsOneWidget);  });
}
```

18.3.2　运行 Widget 测试

和单元测试的运行方式一样，在 Android Studio 中运行测试文件的步骤是：

(1) 打开测试文件；

(2) 打开 Run 按钮左边的下拉菜单；

(3) 选择 Run 'tests in demo.dart'；

(4) 单击 Run 按钮，测试文件即可运行。

你还可以直接在工程的根目录下通过 `flutter test` 命令运行测试文件。

18.4　集成测试

单元测试和 Widget 测试是对单独的单元或者组件做测试，集成测试则与它们不同。集成测试是对整个应用在真机上的运行和性能情况做测试，可以说集成测试验证的是整个待办事项应用在真机上的整体表现，包括性能和功能。

Flutter 的集成测试的原理是这样的：首先，Flutter 会开启一个 driver 应用，紧接着会在另一个线程中运行我们要测试的应用，driver 应用通过 Flutter 内部的通信机制不断地向被测试应用发送消息，同时记录一些额外的性能信息。

那么如何进行集成测试呢？接下来以验证"列表"页面的功能和性能为例，带大家一块儿编写我们的第一个集成测试。

18.4.1 添加集成测试的依赖

集成测试需要把 flutter_driver 的依赖添加到工程的 pubspec.yaml 文件里，如果还需要其他测试，则需要添加 test 的依赖：

```
dev_dependencies:
  flutter_driver:
    sdk: flutter
  test: any
```

注意

此处需要使用 test 的依赖，而不能使用 flutter_test，因为 flutter_test 和 flutter_driver 有冲突，会导致集成测试运行不起来。

18.4.2 创建集成测试文件

集成测试的文件存放在工程根目录下的 test_driver 文件夹中。需要创建两个文件：启动文件和测试文件。

❑ 启动文件

这个文件负责启动我们的被集成应用，可以任意命名该文件，例如我们下面的 test_driver/app.dart 文件。

❑ 测试文件

这个文件包含测试代码，这些测试代码可以用来验证被集成应用是否和我们预期的一样。这个文件里面也可以记录一些应用运行期间的性能配置。这个文件的命名是在上面启动文件的基础上添加 _test 后缀。例如，test_driver/app.dart 文件对应的测试文件就应该是 test_driver/app_test.dart 文件。

整个工程的目录结构应该是下面这样的：

```
root/
  lib/
    main.dart
  test_driver/
    app.dart
    app_test.dart
```

18.4.3　启动被集成应用

在 app.dart 文件里启动被集成应用：

```
import 'package:flutter_driver/driver_extension.dart';
import 'package:todo_list/main.dart' as todolist;

void main() {
  // 启动集成插件
  enableFlutterDriverExtension();

  // 启动 todolist 应用
  todolist.main();
}
```

18.4.4　编写集成测试代码

在 app_test.dart 文件里编写测试代码。

> **注意**
>
> 此处引入的是 test 的依赖。

集成测试的主要步骤是：

❑ 输入用户名；
❑ 输入密码；
❑ 单击登录按钮。

```
import 'package:flutter_driver/flutter_driver.dart';
import 'package:test/test.dart';


void main() {
  group('todoList App', () {
    FlutterDriver driver;

    // 运行前连接到 driver 应用
    setUpAll(() async {
      driver = await FlutterDriver.connect();
    });

    // 所有测试完成后，调用本回调，把 driver 应用关闭
    tearDownAll(() async {
      if (driver != null) {
```

```
      await driver.close();
    }
  });


  test('login success', () async {
    Finder userInput = find.byType(TextField).first;
    Finder passwordInput = find.byType(TextField).last;
    Finder loginButton = find.byType(FlatButton);

    await driver.tap(userInput);
    await driver.enterText('test@163.com');
    await driver.tap(passwordInput);
    await driver.enterText('123456');
    await driver.tap(loginButton);
  });
});
}
```

18.4.5　记录性能数据

FlutterDriver 类提供了 traceAction 方法，帮我们记录应用在运行期间的性能表现。
添加方式如下：

```
import 'package:flutter_driver/flutter_driver.dart';
import 'package:test/test.dart';


void main() {
  group('todoList App', () {
    FlutterDriver driver;


    // 运行前连接到 driver 应用
    setUpAll(() async {
      driver = await FlutterDriver.connect();
    });


    // 所有测试完成后，调用本回调，把 driver 应用关闭
    tearDownAll(() async {
      if (driver != null) {
        await driver.close();
      }
    });


    test('login success', () async {
      final userInput = find.byValueKey('user');
      final passwordInput = find.byValueKey('password');
      final login = find.byValueKey('login');
```

```
// 使用 traceAction 记录
final timeline = await driver.traceAction(() async {
  await driver.tap(userInput);
  await driver.enterText('test@163.com');
  await driver.tap(passwordInput);
  await driver.enterText('123456');
  await driver.tap(loginButton);
});


final summary = new TimelineSummary.summarize(timeline);


// 将报表保存到磁盘
summary.writeSummaryToFile('summary', pretty: true);


// 将性能数据保存到磁盘, 可以使用 chrome://tracing 打开文件, 进行性能分析
summary.writeTimelineToFile('timeline', pretty: true);
});
});
}
```

在上面的代码中, 我们把 Timeline 转换成了 TimelineSummary, 这个类有两个功能:

(1) 把性能数据的概要以 JSON 数据的形式写入文件里, 这些概要包括跳帧数、最慢的构建时间等;

(2) 把详细的 Timeline 数据以 JSON 数据的形式保存到文件里, 我们可以在 Chrome 浏览器里打开 chrome://tracing, 对性能数据做详细分析。

18.4.6　运行集成测试

在工程的根目录下执行下面的命令, 即运行集成测试:

```
flutter drive --target=test_driver/app.dart
```

18.5　小结

本章中我们一起学习了一个工程中与测试相关的环节, 先是最基本的单元测试和 Widget 测试, 之后是集成测试, 充分的测试是保证线上程序稳定的一个基本条件。通过测试, 能及时发现和解决一些潜在的问题, 所以我们应该重视测试在工程开发中的作用。

第 19 章
性能优化

在代码的编写过程中，我们可能会在初期将注意力放在功能的实现上，导致一些功能的实现方式并不是以最高效的方式实现的。因此在完成了阶段性的功能后，我们需要回过头来，审视我们的代码是否有比较糟糕的性能表现。在本章中，我们会给出一些通用的性能优化建议，同时简单介绍一下 Flutter 提供的性能分析工具的使用方式。

19.1　性能优化建议

Flutter 应用本身在性能方面就很卓越，所以我们只需要根据 Flutter 官方给出的最佳实践，正确编写代码，避免常见的编码错误，就可以使性能优越。

接下来，先分析一下 Flutter 官方给出的最佳实践。

19.1.1　控制 `build` 方法耗时

控制 `build` 方法的耗时有两种途径。

❏ 避免在 `build` 方法中执行重复和耗时的操作，因为在页面刷新的时候会频繁调用 `build` 方法。

❏ 避免过大的单 Widget 树。可以根据 Widget 的不同变化，把它们封装成不同的 Widget 树，具体如下。

■ 当 `setState` 方法被调用后，这个 Widget 的所有子节点都会重建。因此，应该在视图会真正发生变化的子树中调用 `setState` 方法，避免无用的子树更新操作。

■ 在新一帧 Widget 树构建的过程中，如果遇到某个 Widget 节点与前一帧的 Widget 节点相同，就停止对该 Widget 节点的遍历。这样做可以优化动画，且不影响子树的动画。

19.1.2 控制特效耗时

saveLayer 是个耗时的方法，所以使用时要谨慎。我们使用特效时（比如透明度、裁剪等），可能会调用这个方法。

> **注意**
>
> 为什么 saveLayer 方法耗时呢？
> 调用 saveLayer 方法会申请一个新的屏幕缓存区，将内容绘制到屏幕缓存区的动作可能会触发渲染对象切换，在较老的 GPU 中，这个过程的速度是非常慢的。

下面是使用特效时的通用规则。

- 对于透明度，只在必要的时候使用 Opacity 组件实现。使用支持透明的图片直接把透明效果应用到图片上，会比使用 Opacity 组件快很多。
- 对于裁剪，不调用 saveLayer 方法（除非明确使用 Clip.antiAliasWithSaveLayer），所以这个操作没有透明度那么耗时。但是裁剪本身仍然很耗时，所以使用时要谨慎。在默认情况下，裁剪是禁用的，因此在需要使用的时候，必须显式地启用它。

其他可能触发 saveLayer 方法的组件有 ShaderMask、ColorFilter、Chip（如果 disabled-ColorAlpah != 0xff 为真，可能会触发）和 Text（如果有 overflowShader，可能会触发）。

避免使用 saveLayer 方法的策略有使用 FadeInImage 组件实现渐现效果，它使用 GPU 的片段着色器实现；避免使用矩阵剪切实现圆角矩阵，转而使用组件的 borderRadius 属性。

19.1.3 长列表优化

当使用 ListView（children:）这种方式构建列表时，会把 children 节点一次性全部加载完，这样在列表很长的情况下，列表性能会受到很大影响，为了解决这个问题，可以选择懒加载 children 节点的形式，只有要显示这个节点的时候才开始构建，可以使用 ListView.builder。

19.1.4 避免跳帧

在 Flutter 中，有两个独立的线程分别用来控制构建和渲染时间，所以在刷新率为 60Hz 的屏幕上，我们需要在 16ms 甚至更短的时间内显示一帧，这意味着构建和渲染都要控制在 8ms 以内完成。当渲染时间降低到 16ms 以下时，也可以避免发热问题，进而延长电池的寿命。近年兴起的高刷新率屏幕的刷新率有 120Hz，相较于之前的 60Hz，120Hz 的设备需要在 8ms 之内完成一帧的渲染，以此保证用户流畅的体验。

19.2　性能分析

当然，我们可以遵照最佳实践的规范写出高性能的代码。但是，尽管我们已经按照规范编写代码了，在一些复杂的场景下，还是会遇到性能问题。当遇到性能问题的时候，就需要利用相关工具发现具体的问题。Flutter 为开发者提供了很多用来发现和分析问题的工具，下面我们将针对 Flutter 的性能分析工具展开探讨。

19.2.1　通过 profile 模式做性能分析

profile 模式是 Flutter 提供的用于分析工程性能的一种模式，它比 release 模式多启动了一些服务拓展，比如 performance overlay、tracing 等。但是用来测试 profile 模式的工程必须运行在真机上。

使用 profile 模式启动应用的方式如下。

❑ Android Studio 或者 IntelliJ IDEA：单击菜单栏里的 Run→Flutter Run 'main.dart' in Profile Mode 菜单项，启动应用，如图 19-1 所示。

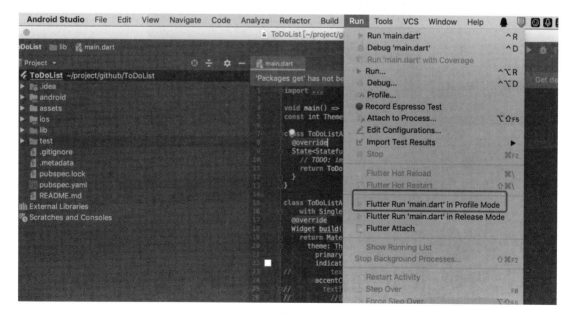

图 19-1　在 profile 模式下启动 Flutter 工程

❑ VS Code：编辑 .vscode 目录下的 launch.json 文件，把 `flutterMode` 的属性设置成 `profile`：

```
{
  "configurations": [
    {
      "name": "Flutter",
      "type": "dart",
      "request": "launch",
      "program": "lib/main.dart",
      "flutterMode": "profile"
    }
  ]
}
```

然后运行 `flutter run --profile` 命令。

19.2.2   发现问题

图 19-2 展示了 Flutter 内置的性能浮窗。性能浮窗主要是帮助我们显示应用渲染过程中每一帧的耗时情况,它主要显示两块内容:上半部分是 GPU 线程每一帧的耗时,下半部分是 UI 线程每一帧的耗时。

图 19-2   性能浮窗

要显示性能浮窗,有以下三种方式。

1. 启动 Flutter Inspector。

□ 如果 IDE 是 Android Studio 或者 IntelliJ IDEA,则具体步骤是:

a. 选择 View → Tool Windows → Flutter Inspector,打开工具栏;

b. 在工具栏里选择第三个图标,如图 19-3 所示。

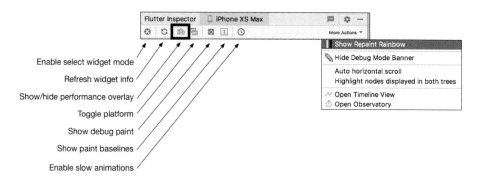

图 19-3　工具栏

❏ 如果 IDE 是 VS Code，则具体步骤是：

　　a. 选择 View → Command Palette...，打开命令栏；

　　b. 输入 performance，然后在列表里选择 Toggle Performance Overlay。

2. 使用命令行工具

在命令行工具里执行 `flutter run --profile` 命令启动应用，使用 P 控制性能浮窗的开关。

3. 使用代码设置

在创建 MaterialApp 或 WidgetsApp 组件的时候，通过把 `showPerformanceOverlay` 属性设置为 `true` 的方式，显示性能浮窗：

```
class MyApp extends StatelessWidget {
  @override
  Widget build(BuildContext context) {
    return MaterialApp(
      showPerformanceOverlay: true,
      title: 'My Awesome App',
      theme: ThemeData(
        primarySwatch: Colors.blue,
      ),
      home: MyHomePage(title: 'My Awesome App'),
    );
  }
}
```

显示性能浮窗后，就可以操作我们的应用了。当浮窗上出现红色的柱状条时，说明有些帧的绘制时长超过了 16ms，画面出现了卡顿。针对不同情况，需要进行不同的分析。

❏ GPU 线程出现红条

说明遇到渲染的 GPU 操作比较耗时，这时可以检查是否调用了比较耗时的 `saveLayer` 方法，导致渲染超时。

❑ UI 线程出现红条

说明 UI 线程里出现了比较耗时的操作，这时可以检查 Widget 的 `build` 方法里是否出现了 IO 操作或者大量 CPU 运算操作，导致 UI 线程构建视图超时。

19.2.3　GPU 耗时分析

GPU 耗时过长，说明所要渲染的图片绘制起来颇为耗时，原因通常有两种：一种是产生了不必要的渲染，比如调用了 `saveLayer`、`clip` 等方法；另外一种是渲染了图片的纹理，因为图片是先从磁盘中读取，然后解析到主存（GPU 内存）中，最后传到存储设备（RAM）里，所以整个 IO 操作是很耗时的。

针对这两种情况，Flutter 框架都提供了便捷的方式，能让我们更容易地发现类似问题。可以在 MaterialApp 或 WidgetsApp 组件里把 `checkerboardOffscreenLayers` 和 `checkerboard-RasterCacheImages` 开关打开：

```
MaterialApp(
  title: title,
  showPerformanceOverlay: true,
  checkerboardOffscreenLayers: true,
  checkerboardRasterCacheImages: true,
  //...
);
```

打开 `checkerboardOffscreenLayers` 开关后，应用里面的所有图片都会有一个闪动的外边框，每闪动一下，就代表该图片被渲染了一次。如果你发现有些图片闪动了，但是图片本身没有发生变化，代表有可能产生了多余的渲染。例如，使用 `saveLayer` 方法把一组图片渲染成半透明状态。此时，你就可以做优化，将每个独立的、必须变半透明的 Widget 设置为透明效果，而不是把效果都添加到父节点上。同样的处理方式也适用于裁切或阴影等其他潜在的耗时操作。面对这种问题，我们一般的解决步骤是：

(1) 检查这些效果是否是必要的，如果不是，直接去掉；

(2) 尽量把这些耗时操作安排到 Widget 树的叶子节点上。

打开 `checkerboardRasterCacheImages` 开关后，所有图片都会显示成颜色随机的棋盘，如果图片被缓存了，那么该图片的棋盘颜色就不会发生变化。当你发现静态图片没有被缓存时，就可以用 RepaintBoundary 组件把这个图片封装起来，这样引擎就可以根据情况对图片进行缓存，达到优化渲染速度的目的。

19.2.4   UI 耗时分析

当 UI 线程出现红条时，表明在构建 Widget 的时候，被其他耗时操作阻塞了，导致构建时间过长，造成了卡顿。

我们可以利用 Dart DevTools 跟踪和分析代码，找到引起性能问题的地方。Dart DevTools 支持查看 UI 布局和状态，能够帮助我们定位产生 UI 卡顿的位置。Dart DevTools 的具体用法，在第 16 章已经介绍过了，可以回顾一下。

19.2.5   Widget 重建分析

很多时候，页面卡顿是因为我们的代码导致产生了很多多余的 Widget 重建。这种情况下，可以使用 Widget 重建分析器，查看整个页面的重建次数，帮助我们分析问题。这个功能需要在 Android Studio 或者 IntelliJ IDEA 里打开。

首先需要使用 Debug 模式启动应用，然后在 Android Studio 或 IntelliJ IDEA 里，单击 View → Tool Windows → Flutter Performance 打开 Widget 重建分析器，如图 19-4 所示。

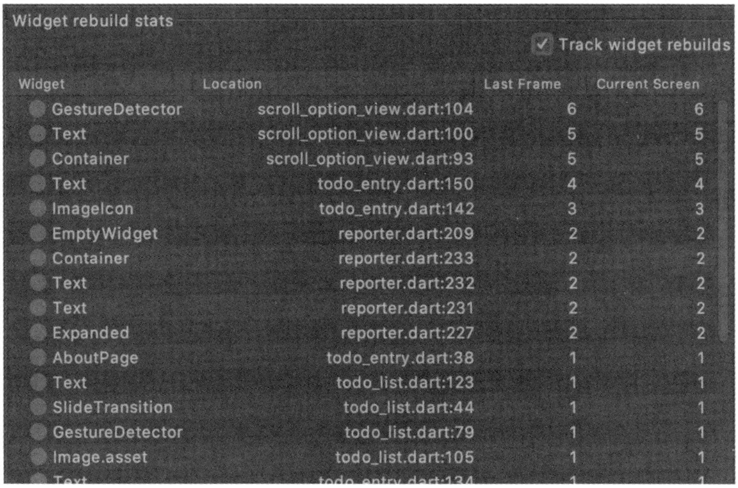

图 19-4   Widget 重建分析器

勾选右上角的 Track widget rebuilds，可以很清楚地看到 Widget 的重建情况：第一列的 Widget 展示的是应用里的各个 Widget，第二列 Location 展示的是对应 Widget 所在的代码行数，第三列 Last Frame 展示的是上一帧对应的 Widget 的重建次数，第四列 Current Screen 展示的是从进入当前屏幕起，对应 Widget 的重建次数。

当一个 Widget 的重建次数过多时，Widget 前面会显示黄色的旋转图标；重建次数不多的

Widget 前面会显示灰色的旋转图标；没有重建过的 Widget 前面会显示灰色圆圈。

Widget 的重建次数过多，就会导致卡顿现象出现。这个时候，我们要做的就是找出 Widget 每次被重建的原因，并设法解决。一般情况下，过多的 Widget 重建有以下 4 种原因。

(1) 一个庞大的 StatefulWidget 组件会包含很多可显示组件，这种情况下，只要 StatefulWidget 组件重建，其下面所有的组件就都会重建。针对这种情况，可以把这个大的 Widget 拆分成很多小的组件。

(2) 画面以外的 Widget 被重建了，例如一个 ListView 已经超出屏幕了，但由于它被嵌套在一个 Column 组件里，且该组件在屏幕中，因此 Column 组件重建，就会引起 ListView 重建。

(3) AnimatedBuilder 组件的 `build` 方法里包含不需要产生动画效果的组件，这就会引起不必要的重建。

(4) 透明度组件（Opacity Widget）处在组件树的较高层，或者直接通过操作透明度组件的 `opacity` 属性实现透明度动画，导致组件本身和它的子树都被重建。

19.2.6　建立指标

Flutter 的集成测试包 Driver 里提供了各种各样的埋点方式，如果不清楚如何进行集成测试，可以参考第 18 章的介绍。使用集成测试框架，可以测量和跟踪以下问题：

(1) 卡顿；

(2) 下载大小；

(3) 电池性能；

(4) 启动时间。

建立这些指标后，你可以清楚地知道，后续集成的哪些代码会给这些指标带来不好的影响，从而避免应用性能受损。

19.3　小结

本章我们总结了一些构建 Flutter 工程的建议，同时介绍了如何发现工程中存在的性能问题，这些对于创建高效流畅的 Flutter 工程来说，具有一定的参考意义。

第 20 章

Flutter 的历程与未来

经过前面的学习，相信大家对 Flutter 已经有了自己的理解和体会，Flutter 作为 Google 一直大力推广的一个技术方案，我们有必要了解一下它的重大历程以及未来的一些看点，这样就可以对整个 Flutter 的路径规划有比较清晰的认识。

20.1　回顾 Flutter 的历程

过去几年，正是 Flutter 快速发展的几年，从 2018 年年底正式发布 Flutter 1.0 开始，Flutter 便进入了发展的快车道。这里我们快速回顾一下 2019 年以及 2020 年的 Flutter 定制计划。

Flutter 官方团队在 2019 年年初的时候公布了当时对于 2019 年的发展规划，关注点主要集中在以下几方面。

(1) 核心和基础的稳定性；

(2) 框架的易用性；

(3) 构建完善的生态系统；

(4) Flutter for Web，Flutter for Desktop 的支持；

(5) 动态更新；

(6) 工具链完善。

Flutter 团队还提供了 4 种版本的 Flutter SDK 供开发者选择——master、dev、beta 和 stable，它们的稳定性依次递增，所以喜欢尝试新功能的开发者可以关注 dev 和 master 版本，要用 Flutter SDK 构建上线业务项目的开发者则推荐使用 stable 版本。

Flutter 团队几乎每个月都会发布一个 beta 版本，2019 年发布了 4 个 stable 版本。

在 2019 年的一系列重大变更中，尤为重要的是 dart:ffi 包的实现，这个包让 Flutter 拥有了更多可能性，虽然 Flutter 官方没法直接提供动态化的功能，但有了 dart:ffi 就意味着可以通过

JavaScript 代码实现 Dart 的动态化功能。

下面我们看一下 2020 年年初的 Flutter 规划，这一年的规划主要有下面几点。

❑ Flutter 对 Web 和 Desktop 的支持进一步完善：2019 年 12 月在 Flutter interaction 大会上，Flutter 团队宣布 Flutter for Web 已经进入 beta 阶段，而 2020 年的目标是 Flutter 工程能够运行在浏览器、macOS、Windows、Android、Fuchsia 和 iOS 上，并且支持 HotReload、插件、测试和 Release 模式的构建。

❑ 进一步提升质量：在 Flutter 团队看来，2020 年聚焦于提升开发质量、修复 Bug，要比添加新特性更为重要。

20.2　展望 Flutter 的未来

在了解了 Flutter 近几年的历程后，我们有必要看下 2021 年的一些目标（目前官方的规划表只有 2021 年的，得到年底或者 2022 年年初才会出 2022 年的规划）。

❑ 空指针安全

Flutter 在 2020 年的 1.20 版本中推出了空指针安全这个特性，用于解决空指针访问异常，在 2021 年 Flutter 团队计划推出新的适配工具，方便已有的第三方库和现有的 Flutter 工程更加方便地迁移。

❑ 支持移动设备的新功能

Flutter 会继续紧跟 iOS 与 Android 新版本中新 Features 的支持，同时还计划支持从应用商店中增量地下载代码或者资源（当然这也取决于平台政策的限制）。

❑ Flutter for Web 和 Flutter for Desktop

Flutter 团队 2021 年的目标是为开发者提供一套支持在 macOS、Windows、Linux、iOS、Android 和 Web 这六大平台同时运行的代码。对于 Web，Flutter 的侧重点是保持与原生 Web 的一致性以及性能，而不是增加新特性。对于 Desktop，除了提高开发体验，还要提供对多窗口的支持。

❑ 提高 Flutter 应用的质量建设

Flutter 团队在 2021 年会重点关注程序运行时性能数据的优化，其中包括内存的使用情况、性能数据、耗电量情况，针对这些问题除了修改框架中本身的不足，还会提供一系列最佳实践的视频或者文档，同时推出更多工具，以帮助调试 Flutter 的内存使用情况。

上面就是 Flutter 对 2021 年的一些规划，其中的多端支持和增量下载会进一步点燃国内开发者的热情，同时 Flutter 把我们最关心的性能问题放在了优先级比较高的位置，所以 Flutter 应用的性能提高还是值得期待的。

在了解完 Flutter 这两年的历程后，有必要了解一下 Flutter 的多端支持，即 Flutter for Web 和 Flutter for Desktop。

20.3 Flutter for Web

除了在移动平台拥有不错的表现，Flutter 也能用来编写运行在网页中的页面。在以往的前端开发中，如果我们想编写运行在网页中的页面，就必须去了解 HTML、CSS 等一些基于 Web 技术栈的知识，现在有了 Flutter for Web，我们可以直接使用熟悉的 Flutter 框架进行开发，接下来一起看看吧！

20.3.1 简述

早在 2018 年 12 月份 Flutter 发布 release 1.0 版本的时候，就展示过 Flutter for Web 功能，只不过当时的 Flutter for Web 叫蜂鸟（Hummingbird）。在 2019 年的 Google IO 大会上，Flutter 团队正式公布了该技术，并更名为 flutter-web。

我们看一下 flutter-web 的架构，如图 20-1 所示。

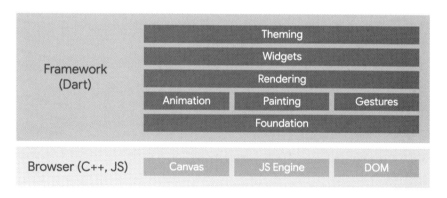

图 20-1　flutter-web 的架构

图中上半部分的 Framework 是移动端和 Web 端共享使用的。Framework 为 Flutter UI 提供了上层的抽象，包括手势（Gestures）、动画（Animation）和 Widgets，你可以利用它们满足日常中的常见需求。

接下来我们一块看看如何使用 flutter-web。

20.3.2   构建环境

首先，Flutter 要在 Web 平台上运行，必须安装 Chrome 浏览器。

其次，flutter-web 在 stable 版本上是无法使用的，所以我们需要做的第一件事就是切换版本：

```
flutter channel master
```

切换到 master 版本后，开启对 Web 的支持：

```
flutter config --enable-web
```

执行这行代码会在根目录下生成一个名为.flutter_setting 的配置文件（~/.flutter_setting）：

```
{
"enable-web": true
}
```

接着，通过 `flutter devices` 命令验证对 Web 的支持有没有问题：

```
flutter devices
```

如果看到输出的设备中包含 Chrome，就说明开启成功了：

```
Web Server (web)    • web-server    • web-javascript • Flutter Tools
Chrome (web)        • chrome        • web-javascript • Google Chrome 83.0.4103.116
```

20.3.3   使用 Web 运行待办事项应用

前面配置好了 Web 开发环境，下面就可以尝试将待办事项应用运行到 Web 上了。

首先在待办事项应用工程的根目录下执行命令：

```
flutter create
```

然后在 Chrome 浏览器中运行我们的程序：

```
flutter run -d chrome
```

待办事项应用运行在 Chrome 浏览器上的效果如图 20-2 所示。

图 20-2   待办事项应用显示在 Web 上

20.3.4   初窥 flutter-web

见识了 flutter-web 的效果展示,接下来我们简单看一下这是如何实现的。最简单的方式是通过 Chrome 浏览器自带的调试工具分析界面元素是什么。

打开 Chrome 浏览器的开发者工具,进入 Elements 标签,如图 20-3 所示。

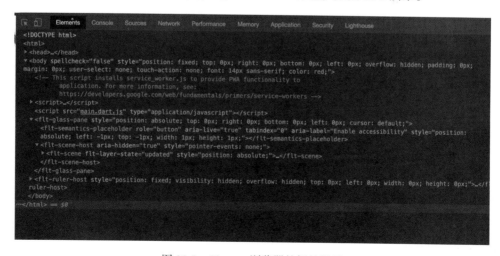

图 20-3   Chrome 浏览器的标签展示

我们发现整个页面除了 html 标签和 body 标签，都是以 flt 开头的标签，并没有我们熟悉的 HTML 标签，由此可以推断，flutter-web 中的页面展示使用的并不是浏览器常用的 HTML 标签，而是 Flutter 自己实现的一套自定义标签。

进入 Sources 标签，可以看到 flutter-web 整个工程的源码。进入 packages 文件夹，就能发现 todo_list 的源码，如图 20-4 所示。

图 20-4　源码文件目录

进入 todo_list 文件，会发现 dart 源码文件下都有一个对应的 js 文件。这也说明 Flutter 会通过 Dart2Js 的方式将 Dart 源码编译成 js 代码，供浏览器执行。

接下来进入根目录下的 dart_sdk.js 文件，并尝试搜索页面中使用的 flt-scene 标签，会发现其中包含 createElement 这样的逻辑，而前端中自定义标签的方式就是以 createElement 的形式实现的，这样也从侧面说明了 Flutter 通过 HTML 自定义标签的方式将页面展示出来。

上面我们一起了解了 flutter-web 的使用，以及一些基本的原理，下一节我们学习 Flutter For Desktop。

20.4　Flutter For Desktop

Flutter For Desktop 和 Flutter For Web 的运行方式基本一致。

首先，还是需要将 Flutter 的版本切换至 master，然后开启对 Desktop 的支持，比如 macOS：

```
flutter config --enable-macos-desktop
```

如果需要支持 Linux 平台，只需要将代码中的 `macos` 替换成 `Linux` 即可。如果需要支持 Windows 平台，那么需要将 Flutter 的版本切换至 dev，然后通过配置文件开启支持即可。

开启了对 Desktop 的支持后，可以通过 `flutter devices` 命令验证是否开启成功。如果输出结果中有我们当前平台的信息，就表示开启成功了，比如：

```
macOS (desktop)    • macos      • darwin-x64
```

表示对 macOS 平台的支持开启成功。接下来就可以在 macOS 平台上运行我们的程序了：

```
flutter run -d macos
```

图 20-5 展示了我们的应用显示在 Desktop 上的效果，当运行 macOS 工程时，控制台会输出 devtools 的路径，之后可以在浏览器中通过该路径进入 devtools 的调试，这里就不对 devtools 进行赘述了。

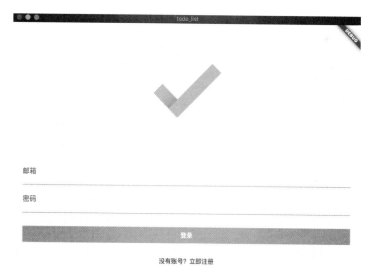

图 20-5　待办事项应用显示在 Desktop 上

20.5   小结

本章我们了解了 Flutter 的近年历程和重大里程碑计划，并且初步学习了 Flutter 在 Web 和 Desktop 上的表现，相信在接下来的时间里，Flutter 能够充分发挥它的优势，真正实现一套能够运行在各种平台上的代码。